T0267565

Contra el futuro

Contra el futuro

Resistencia ciudadana frente al feudalismo climático

MARTA PEIRANO

Penguin
Random House
Grupo Editorial

Contra el fututo
Resistencia ciudadana frente al feudalismo climático

Primera edición en España: junio, 2022
Primera edición en México: junio, 2022

D. R. © 2022, Marta Peirano

D. R. © 2022, Penguin Random House Grupo Editorial, S.A.U.
Travessera de Gràcia, 47-49, 08021, Barcelona

D. R. © 2022, derechos de edición mundiales en lengua castellana:
Penguin Random House Grupo Editorial, S. A. de C. V.
Blvd. Miguel de Cervantes Saavedra núm. 301, 1er piso,
colonia Granada, alcaldía Miguel Hidalgo, C. P. 11520,
Ciudad de México

penguinlibros.com

ISBN: 978-607-381-536-9

Impreso en México – *Printed in Mexico*

A Íñigo, Lupe y Antonia,
que heredan un mundo por resolver

Índice

1. Mitos. 11
   El arca 11
   Salirse del tarro. 20
   Tres futuros 43
   Superpoblación. 57
   Es difícil pensar en el cambio climático 67

2. Máquinas. 79
   Geoingeniería: el bueno, el feo y el malo 79
   El aspirador de partículas 86
   Una Orca. 90
   Mil Orcas. 93
   Nueve mil millones de Orcas. 95
   Plantar, reforestar, restaurar 100
   Una dieta para la salud planetaria 103
   Triple dividendo climático: sanos, sostenibles
      y felices. 107
   Otras maneras de ser humano 109
   Geoingeniería contra el fin del capitalismo 112

3. Inteligencia No Artificial.   115
   Incentivos para anticiparse a la crisis   124
   El «Stack» social: resocializar las instituciones   131
   Ciudades inteligentes: los fracasos del
      colonialismo digital   138
   Nubes Temporales Autónomas   145
   Interdependencia: fricción + cuidados.   156
   Un ejército civil contra el cambio climático   159
   Encontrar en el infierno lo que no es infierno . . .   163

Notas   169

1

Mitos

EL ARCA

Es la historia más vieja del libro; la de un desastre medioambiental y una tecnología que nos salva. Empieza en el sexto capítulo del Génesis, cuando el último patriarca de los antediluvianos recibe un encargo divino:

> Hazte un arca de madera de gofer; harás aposentos en el arca, y la calafatearás con brea por dentro y por fuera. Y de esta manera la harás: de trescientos codos la longitud del arca, de cincuenta codos su anchura y de treinta codos su altura. Una ventana harás al arca, y la acabarás a un codo de elevación por la parte de arriba y pondrás la puerta del arca a su lado; y le harás piso bajo, segundo y tercero. Y yo, he aquí, yo voy a enviar un diluvio de aguas sobre la tierra, para destruir toda carne en que haya espíritu de vida debajo del cielo; todo lo que hay en la tierra morirá.[1]

«Todo lo que hay en la tierra morirá». En su entretenido libro de exorcismos, Joseph Laycock explica que en la Biblia hebrea no hay brujas, exorcismos ni demonios porque Dios es tan mezquino que no necesita asistencia. Más tarde, con la influencia del zoroastrismo, Dios se empezará a desdoblar, separando al dios benévolo de su oscuro reverso para poder digerirlo.[2] Este proceso, que en psicología se llama *splitting*, es un recurso infantil para conciliar realidades aparentemente contradictorias, y muy característico de los cuentos: la mamá buena y la madrastra mala, el hada madrina del palacio y la bruja del bosque. El orden y el caos. El bien y el mal. También es típico de los narcisistas y de las personas que han sufrido el trauma del maltrato repetido durante la infancia. Este es un relato de trauma, narcisismo y mecanismos de defensa que han dejado de cumplir su propósito y se han transformado en patologías que no nos dejan vivir. Pero no me quiero adelantar. En el principio Dios era uno solo y la jerarquía, sencilla. Después de crear cielos y tierra, la cosa empieza a complicarse.

Primero, Dios hace al hombre «a nuestra imagen, conforme a nuestra semejanza», y establece la estructura jerárquica de su creación con una serie de instrucciones. Le dice que se reproduzca («sed fecundos y multiplicaos»), que ocupe el terreno («llenad la tierra, sojuzgadla») y que ponga orden sobre «los peces del mar, las aves del cielo y todos los animales que se desplazan sobre la tierra». Aunque el plural incluye a Eva, la mujer no está hecha a semejanza de Dios sino como extensión del cuerpo de Adán («hueso de mis huesos y carne de mi carne»), al que queda subordinada, como demuestra su derecho a nombrarla como al resto de los bichos («se llamará Mujer, porque ha sido sacada del hombre»). Después está el resto de la creación.

Dios no comenta nada sobre los cuerpos celestes ni de la gravedad que los mantiene suspendidos en el techo de su creación. Son lagunas nada despreciables que no empezamos a desmadejar hasta Newton, pero sí dedica buena parte del discurso a la dieta, porque es una clave fundamental para la supervivencia, no solo del hombre, sino de la nueva estructura piramidal:

Os he dado toda planta que da semilla que está sobre la superficie de toda la tierra, y todo árbol cuyo fruto lleva semilla; ellos os servirán de alimento. Y a todo animal de la tierra, a toda ave del cielo, y a todo animal que se desplaza sobre la tierra, en que hay vida, toda planta les servirá de alimento.

Los animales comen lo que brota del suelo y los humanos comen su semilla y el fruto de todos los árboles menos uno. Ya sabemos que las prohibiciones en los cuentos solo sirven para una cosa. Como Chéjov, Dios no deja una manzana en la mesa si no piensa envenenarla.

Caín y Abel son los primeros humanos de la creación. Los primeros que son fruto de un vientre mortal. Nacen en el destierro, a las puertas del Paraíso perdido y herederos del pecado original, pero la estirpe no aprende ni mejora. Si el primer pecado del Génesis fue la desobediencia, el segundo es un asesinato pasional después de una ofrenda mal recibida. Caín es labrador y ofrece el fruto de la tierra. Abel es pastor trashumante y ofrece los hijos de sus ovejas y su rica mantequilla. Cada uno pone lo que tiene, pero al Dios hebreo le gusta más el olor de la carne asada y desprecia los granos y las frutas de Caín, que se pone negro y se va a casa visiblemente ofuscado.

No satisfecho con humillarlo públicamente, Dios lo persigue y lo sermonea, diciéndole que se guarde la cara larga, y le advierte de que un pecado lo acecha, agazapado como un animal. Caín se calienta del todo y, en cuanto puede, se lleva a su hermano al monte y lo mata de una pedrada. Su castigo, como el de sus padres, será la expulsión, pero no del Paraíso sino de la comunidad, donde Dios no puede verlo. Caín marcha solo a tierra de nadie, al este del Edén, donde conoce a una chica y funda una nueva familia. Acabamos de empezar y ya hay dos clases de hombres, los que están dentro del círculo y los que están en el mal.

En honor a la verdad, Caín y Abel ya eran diferentes antes del crimen. Caín es el primogénito y ha heredado tierras, que labra cómodamente dentro del entorno domesticado del círculo comunitario. Abel es el segundo y no ha heredado nada; por eso vaga con sus ovejas explorando nuevos pastos sin más protección que un palo y un tirachinas. Es un trabajo mucho más arriesgado, pero también mucho más útil para la especie más desprotegida de la sabana. El pastor que va haciendo círculos alrededor del poblado constituye la primera línea de defensa, y también la expedición exploradora que permite su expansión. Por eso Dios está siempre con los pastores, de Abel a Moisés, pasando por David. El nombre de Abel, el primer pastor, significa «El que estaba con Dios». Y quizá por eso no estaba con Caín, aunque es un hijo obediente que trabaja. Este favoritismo divino no recibirá una explicación satisfactoria hasta el cuarto de los evangelios del Nuevo Testamento, donde san Juan enseña a los judíos a practicar la virtud. Les dice: «No seas como Caín, que era del demonio y asesinó a su hermano».[3] Matar al hermano ya no es el verdadero crimen, sino la manifestación de un crimen interior que Caín ya llevaba dentro, el veneno de la manzana que Eva mordió. Por eso Dios no acepta su sacrificio («porque sus obras son malas y las de su hermano son justas»). Se establece la nueva estirpe como inferior dentro de la jerarquía primigenia: unos hombres son de Dios y otros son del demonio. Si están fuera del círculo, por algo será.

Arquetipos

Tanto la creación como el naufragio son relatos arquetípicos, formas arcaicas del conocimiento humano que contienen una idea fundacional. El psiquiatra suizo Carl Jung los describe como las estructuras psíquicas universales anteriores al verbo, tan determinantes para nuestra manera de ver el mundo como nuestros genes determinan el sexo, la altura, el hambre o la digestión. Para Claude Lévi-Strauss son más que psíquicas; son las piezas del mecanismo por el que procesamos nuestra experiencia de la realidad y le damos sentido, no el *software* sino el *hardware* de nuestra corteza cerebral. En otras palabras, son los ojos con los que miramos el mundo incluso antes de verlo. Incluso antes de pensar.

Nada se salva, ni siquiera la ciencia. «Todas las ideas poderosas en la historia se remontan a un arquetipo —explica Jung en *The Structure and Dynamics of the Psyche*—. Esto es particularmente cierto en las ideas religiosas, pero los conceptos centrales de la ciencia, la ética y la filosofía no son ninguna excepción». También son la herramienta de exclusión que nos permite imponernos sobre el resto de las especies, no solo a nuestros antepasados, sino también a las demás especies del género humano con las que llegamos a cohabitar. Hallazgos arqueológicos recientes indican que hace unos doscientos mil años había hasta ocho grupos humanos diferentes. Las últimas teorías antropológicas, ampliamente divulgadas por el historiador israelí Yuval Noah Harari, indican que los *Homo sapiens* triunfamos sobre el resto de las especies gracias a nuestra capacidad de contar historias. «Otros animales y humanos sabían decir "Cuidado, un león" —explica en *Sapiens. De animales a dioses. Una breve historia de la humanidad*—. El *Homo sapiens* adquirió la habilidad de decir "El león es el espíritu guardián de nuestra tribu"». Los relatos arquetípicos fueron el único vehículo capaz de transmitir las lecciones aprendidas por la vía de la extinción.

La creación y el naufragio pertenecen a las primeras culturas mesopotámicas, surgidas alrededor del 3000 a.C. En *La epo-*

peya de Gilgamesh, el relato más antiguo que hemos encontrado hasta ahora, los humanos están hechos de saliva y barro y han sido creados para cultivar los campos de los dioses, con los que conviven en la ciudad de Shurupak. La convivencia no es satisfactoria. Los humanos son ruidosos y molestan a los dioses, que deciden deshacerse de ellos con un buen chaparrón. Utnapištim —el Noé original— recibe el soplo de un dios compasivo, junto con las instrucciones para construir el ingenio: una barca circular reforzada con brea donde deberá refugiarse con su familia y una selección de todas las especies conocidas de animales y semillas. La tormenta dura seis días y seis noches. Cuando acaba, la barca ha quedado clavada en lo alto de una montaña, entre el cielo y el suelo. No se ve nada. No queda nada que ver.

En esta historia primigenia, el naufragio es un *flashback* dentro de las aventuras de Gilgamesh, que, desolado tras la muerte trágica de su mejor amigo, viaja a los confines del mundo en busca de la inmortalidad. Allí se encuentra con Utnapištim, que le cuenta lo del diluvio y le dice que él y su mujer son los últimos inmortales y que ya no habrá más. Este es el final de su historia y el principio de la civilización. Cuando deja de llover, Utnapištim suelta una paloma y después una golondrina, que regresan sin haber encontrado una ramita sobre la que posarse ni una semilla que comer. Cuando suelta un cuervo y este no regresa, la familia desciende para repoblar la tierra recién lavada de animales limpios y hombres silenciosos. Hasta que vuelve a ocurrir.

Los primeros once capítulos del Génesis son la historia primitiva. San Pablo lo llama «el drama de la condición humana en el mundo». Drama porque, una y otra vez, Dios crea orden del caos y la humanidad lo estropea acercándose al caos que es la serpiente, comiendo de su fruto prohibido o dejándose llevar por las pasiones que acechan agazapadas como un animal. Cada vez que se deja invadir por el caos, la humanidad es castigada y el menos caótico de los hombres tiene que inventarse algo para sobrevivir y empezar de nuevo. El mundo empieza en el Jardín y acaba con la serpiente, empieza con Caín y Abel y acaba con la tempestad, empieza con Noé y acaba con Abraham. Eso solo en el Génesis, que es el principio de los tiempos. Por delante aún nos queda el final de los tiempos, que, en el último libro del Nuevo Testamento, es el Apocalipsis de san Juan.

Ese quemarlo todo y empezar de cero es también arquetipo, el eterno retorno o la compulsión de recursividad. Se diría que Dios es un poco Don Draper, un narcisista al que solo le gustan los comienzos de las cosas y proyecta los errores que comete sobre sus hijos como excusa antes de hacerlos desaparecer. «Todo lo que hay en la tierra morirá». Los humanos mesopotámicos son desterrados por ruidosos; los hebreos, por desobedientes. Los frutos prohibidos enseñan matando, las lluvias torrenciales castigan arrasando, siempre como consecuencia de sus excesos, por su excesiva gula o jovialidad. Con la excepción de Utnapištim el silencioso, de Noé el recto, hombres a medio camino entre el cielo y el suelo, entre lo divino y lo humano, entre lo inmortal y lo mortal. Más que hombres son visionarios, que se salvan del fin del mundo para empezar de nuevo y hacerlo bien. Son los mismos elementos que se repiten del Manvantara indio y el Bergelmir nórdico a la Gran Inundación de Gun-Yu; de los pueblos mayas a las tribus nativas norteamericanas, de los muiscas de Colombia a los cañaris en Ecuador.

Encontramos la misma estructura en nuestro relato de la vida, donde todas las secuencias de periodos geológicos empiezan y acaban con un desastre y una gran extinción. En cada ocasión una familia sobrevive y repuebla la Tierra gracias a una estrategia sin precedentes, un gran salto evolutivo o una mutación. Esto se debe a que los caballeros victorianos que definieron los periodos geológicos entre 1820 y 1850 lo hicieron en función de los fósiles que encontraban, y encontraron que los fósiles de un periodo tienden a ser radicalmente diferentes a los fósiles del periodo inmediatamente anterior. La Gran Oxidación, hace unos dos mil quinientos millones de años, aniquila a la mayor parte de los organismos anaerobios que entonces habitaban la Tierra, pero también es la fuerza que convierte las primeras bacterias en células. Mil millones de años más tarde, esas células han conseguido crear comunidades que se transforman en las primeras algas, los primeros hongos, las primeras criaturas pegajosas que se cimbren en la húmeda oscuridad primordial. Los animales llegan solo después de una nueva crisis, a la que llamamos «superglaciación». El estribillo se repite con asteroides que impactan contra la Tierra cambiando su atmósfera, periodos de vulcanismo extremo o una fragmentación continental, siempre seguidos de explosiones evolutivas que propulsan la vida hacia delante. Como decía H. P. Lovecraft, contemporáneo de esos primeros geólogos, «Life wants to live». Pero a qué precio.

La vida siempre sobrevive, pero su triunfo es inseparable de la extinción. Otro elemento arquetípico es que avanza hacia el futuro como una flecha en una sola dirección, y esa dirección se registra como progreso, que en este relato llamamos «evolución». Pero lo hace a costa de grandes sacrificios y de un enorme sufrimiento, que queda registrado en las capas de cada extraordinaria y heroica transformación. El camino del héroe es «un círculo completo, de la tumba al vientre y del vientre a la tumba», que se repite de manera infinita desde el principio de los tiempos.[4] Esa historia es la cicatriz de una infancia traumática, cargada con las estrategias de supervivencia que arrastramos hasta hoy.

Es imposible saber si nuestras células recuerdan el trauma de esas primeras transformaciones que empezaron hace cuatro mil millones de años, pero la idea no es disparatada. En su fascinante *Una (muy) breve historia de la vida en la Tierra*,[5] el paleontólogo y biólogo británico Henry Gee describe cómo, justo antes de la extinción masiva del Devónico, los peces que desarrollan huesos internos consiguen arrastrarse fuera del agua para escapar de los escorpiones gigantes. ¿Podría ser que, en la penosa transformación de esos peces en mamíferos, quedara registrado el recuerdo de este monstruo marino primigenio como un trauma que se reproduce genéticamente en una cadena que llega hasta nosotros? «Me gusta pensar en los escorpiones gigantes como esos animales de pesadilla que tenemos siempre en el borde de nuestra consciencia —dijo Gee en una entrevista durante la gira de presentación del libro—,[6] las criaturas que acechan bajo la cama, los dragones, las criaturas que habitan en la neblina de los bosques, el adversario mítico. Solo que no son mitos, porque realmente existieron y realmente eran aterradores, sobre todo si eras un pequeño pez».

Es fácil pensarlo y difícil de comprobar, al menos de momento. En cambio, es imposible no reconocer en nuestros relatos primigenios el recuerdo menos lejano de los primeros asentamientos, castigados por terribles inundaciones en los valles del Tigris y del Éufrates, del valle del Indo en la actual India, del río Huang He en la actual China. El trauma de los frutos desconocidos y venenosos capaces de matar a los padres, el trauma de los animales y de los hombres salvajes que acechan agazapados en la oscuridad. El trauma de la travesía que emprendimos hace dos millones de años, una travesía multigeneracional hacia lo desconocido, marcada por la esperanza, la belleza y el terror. «En su forma actual hay variantes de ideas arquetípicas creadas deliberadamente aplicando y adaptando estas ideas a la realidad —dice Jung—. Porque la función de la consciencia no es solo reconocer y asimilar el mundo exterior a través del portal de los sentidos, sino también traducir a la realidad visible el mundo que llevamos dentro».[7]

Este eterno retorno que cada tribu sigue repitiendo como en trance desde el principio de los tiempos ha viajado de las tablas de Gilgamesh a Netflix, del Éufrates a las Planicies de Oro del planeta rojo, de Moisés a Elon Musk. Son las historias que nos contamos a nosotros mismos desde el principio de los tiempos para poder sobrevivir, sobre todo cuando nos enfrentamos a una crisis existencial. Pero, como todos los mecanismos de supervivencia nacidos del trauma, son maladaptativos, estrategias que no nos benefician desde el punto de vista evolutivo. Esto no es un problema técnico; es un problema espiritual.

SALIRSE DEL TARRO

«Creo que hay dos caminos fundamentales, la historia se va a bifurcar en dos direcciones —explicaba Elon Musk en el 67.º Congreso Internacional de Astronáutica de Guadalajara, año 2016, en la segunda ciudad más grande de México, famosa por su inversión tecnológica—. El camino uno es quedarse en la Tierra para siempre y que antes o después haya un evento de extinción. No tengo la profecía exacta, pero la historia sugiere que habrá un evento de extinción. La alternativa es convertirnos en una especie multiplanetaria, y espero que estén de acuerdo en que ese es el camino que debemos tomar». «¿Qué ocurre cuando una demanda ilimitada tropieza con un límite de recursos? —preguntó Jeff Bezos en una presentación de su compañía espacial Blue Origin en mayo de 2019—. La respuesta es increíblemente sencilla: racionamiento». En esa presentación, que se puede encontrar en YouTube con el título «Going to Space to Benefit Earth», cita su propio discurso de graduación, del año 1982, donde explicaba que «la Tierra es finita y, si la economía mundial y la población siguen expandiéndose, el espacio es el único sitio adonde ir».

A los dos hombres más ricos del mundo se les queda pequeño el planeta. No tienen sitio para estirar las piernas, les preocupa la humanidad. Encuentran que el espacio ofrece infinitos recursos para una expansión que asegure la supervivencia de la especie. Están dispuestos a liderar la clase de misión que hasta ahora era patrimonio exclusivo de las grandes naciones, como Rusia y Estados Unidos.

«Este es un momento de la historia estadounidense en el que dos tíos, Elon Musk y Jeff Bezos, poseen más riquezas que el 40 por ciento de la gente de este país —tuiteaba Bernie Sanders en mayo de 2021—. Este nivel de avaricia y desigualdad no es solo inmoral. Es insostenible». «Estoy acumulando recursos para ayudar a hacer posible la vida multiplanetaria y extender la luz de la conciencia hacia las estrellas», le respondió Musk, también por Twitter, dando a entender que Sanders es demasiado viejo para seguir la flecha evolutiva con la vista. Que el futuro está fuera de su comprensión. Pero la conversación no es nueva, más bien todo lo contrario. Cuando miles de ciudadanos se reunieron alrededor del Centro Espacial Kennedy para ver despegar al Apolo 11 de su lanzadera en julio de 1969, cientos estaban allí para manifestarse contra la inversión de dinero público en un proyecto colonialista cuando un quinto de los habitantes de Estados Unidos carecía de atención médica primaria, comida, ropa y hogar. Entre ellos estaba el reverendo Abernathy, una de las manos derechas del recién asesinado Martin Luther King. «El dinero del programa espacial debería ser usado para alimentar al hambriento, vestir al desnudo, atender al enfermo y alojar al sintecho», dijo. En democracia, la ciudadanía tiene recursos para opinar sobre la dirección de los fondos públicos y del gobierno en general. Pero nadie ha votado por Jeff Bezos o Elon Musk.

Nadie ha acudido a las urnas para que cambien el destino de la raza humana y, por el mismo motivo, nadie puede someter su liderazgo a debate público cada cuatro años, ni exonerarlos de la misión si no la ejecutan de acuerdo con los objetivos acordados y vinculados al bien común. Quieren salvar a la humanidad pero sin incluir a sus constituyentes. No responden ante ningún congreso, ni tienen que dar explicaciones sobre lo que hagan una vez allí. Su proyecto no es nacionalista, es capitalista. Su misión no es humanitaria, es personal. Pero su discurso es heroico y su personalidad, legendaria, y sus publirreportajes parecen documentos históricos de una nueva era geológica, un salto cuántico interestelar. Explotan deliberadamente el arquetipo del visionario que existe a medio camino entre el cielo y la tierra, y que empuja a la humanidad más allá de sus límites con la fuerza arrolladora de su visión para promocionar una nueva etapa del capitalismo. Como todo lo que inflama nuestra imaginación colectiva, son nuevos y antiguos al mismo tiempo; en todas sus canciones suenan claramente los acordes de un disco anterior.

«Me he interesado por los problemas mecánicos del vuelo humano desde que era niño y construía murciélagos de diferentes tamaños imitando las máquinas de Cayley y Penaud —le escribió Wilbur Wright al secretario del Smithsonian en mayo de 1899—. Mis observaciones desde entonces solo me han convencido más firmemente de que el vuelo humano es posible y practicable. Es únicamente una cuestión de conocimiento y práctica, como en todos los retos acrobáticos». Wilbur y su hermano Orville tenían treinta y tres y veintinueve años y habían dejado el instituto para montar un taller de bicicletas. En la carta, Wilbur está ansioso por distinguirse en su habilidad mecánica de la competencia y de algunos vendemotos de la época. «Soy un entusiasta, no un excéntrico en el sentido de que tengo teorías marcianas sobre cómo construir una máquina voladora». Tres años más tarde, los hermanos Wright levantaban el primer vuelo a bordo del Flyer I, en las praderas de un pueblo de Carolina del Norte llamado Kitty Hawk. Es fácil ver la línea que conecta al sudafricano de SpaceX y de Tesla, un nerd precoz con síndrome de Asperger, con los jóvenes e ingeniosos hermanos Wright. Para los *boomers* ilustrados que aún leen periódicos en papel, Musk encarna al inventor de la Era de las Maravillas, precursor de una nueva revolución industrial. Para las masas que los vitorean desde las redes sociales, los arquetipos llegan reempaquetados como superhéroes de Marvel, y Elon Musk se vende como la encarnación literal de un personaje que Stan Lee lanzó en los años sesenta, Iron Man.

A diferencia de Bruce Wayne, Tony Stark no es un bello *playboy* torturado por el asesinato de sus padres que de noche se viste de murciélago y sale a patrullar la ciudad. Inspirado en el inventor Nikola Tesla y el productor y aviador Howard Hughes, Stark es un ingeniero brillante y narcisista que vende tecnología militar experimental. Y no es exactamente humano, porque un accidente llenó su corazón de metralla, y desde entonces depende de una armadura para poder vivir. Como ocurre con Spock, el primer oficial de *Star Trek*, su naturaleza híbrida se manifiesta en un estilo de comunicación excesivamente lógico y flemático que no despierta simpatía entre los vulgares mortales, pero que esconde universos de poesía interestelar.

Musk encarna felizmente el papel, y lo explota haciendo cameos en las películas de Marvel y cediendo gratis los laboratorios de SpaceX para los rodajes. El nerd ha encontrado una máscara que le permite seguir siendo raro sin parecerlo y la explota con evidente satisfacción, pero sin la capa de ironía que hace interesante al personaje de ficción. La magia de Iron Man está en la ambigüedad de no saber si es superhéroe o supervillano pero, cuando Stephen Colbert le pregunta si está realmente tratando de salvar al mundo porque no sabe cuál de las dos cosas es, Musk se queda paralizado y le responde balbuciente como un niño: «Intento hacer cosas buenas —le dice—. ¿Intento hacer cosas útiles?». Es exactamente lo que le diría Stark a una de sus novias, en uno de esos momentos de narcisismo vulnerable en los que no sabemos si finge o se lo cree de verdad. Si olvidamos lo que dicen y nos centramos en lo que hacen, su ideología está más próxima a periodos más oscuros de nuestra historia reciente. Más que los jóvenes e ingenuos hermanos Wright, tanto Musk como el Hombre de Hierro tienen como modelo directo al brillante ingeniero nazi Wernher von Braun.

El paradigma Von Braun

Wernher Magnus Maximilian Freiherr von Braun no era nazi. «Para nosotros —cuenta en sus memorias— Hitler no era más que un idiota pomposo con el bigote de Charlie Chaplin. [...] Un Napoleón sin escrúpulos que se creía Dios». Pero era el hijo de dos aristócratas prusianos, y estaba obsesionado con el espacio y muy acostumbrado a vivir bien. Mientras estudiaba en la Technische Hochschule de Berlín se unió a la Verein für Raumschiffahrt, la sociedad de cohetes y viajes espaciales fundada por Willy Ley, donde ayudó en el desarrollo de un cohete autopropulsado por combustible líquido y descubrió al físico austrohúngaro Hermann Oberth. El padre de la astronáutica europea fue una influencia definitiva en su vocación. Cuenta el historiador Norman Davies que todo esto era posible gracias a un descuido en el Tratado de Versalles: los cohetes no estaban en la lista de armas prohibidas en Alemania. Cuando rellenó la documentación para ser miembro del Partido Nazi, el 12 de noviembre de 1937, Von Braun era ya el jefe técnico del Centro de Investigación de Cohetes del ejército, que se había trasladado a Peenemünde, en la costa del mar Báltico, para hacer pruebas experimentales con cohetes cada vez más potentes. Le daba igual con quién tenía que asociarse para seguir allí.

No fue el primero; le dieron el carnet número 5.738.692. Los documentos «oficiales» señalan que tres años más tarde se hizo oficial de las Waffen-SS, aunque otros indican que ya lo era desde 1933 y que el Gobierno estadounidense los alteró para facilitar su reinserción. «Mi negativa a unirme al partido habría significado abandonar el trabajo de mi vida, así que me uní —afirma la declaración jurada frente al Departamento de Defensa de Estados Unidos—. Mi asociación al partido no requirió ninguna actividad política». De hecho, su actividad fue diseñar el V-2, y fabricarlo en masa con mano de obra esclava del campo de Mittelbau-Dora para que Hitler bombardeara Gran Bretaña en 1944. Pero solo pensaba en la carrera espacial. El Vergeltungswaffen 2, o Arma de Represalia 2, que diseñó para los nazis fue el primer misil balístico de combate de largo alcance del mundo, pero también el primer artefacto conocido en hacer un vuelo suborbital. Como diría años más tarde el monologuista Mort Sahl: «Yo apunto a las estrellas pero a veces le doy a Londres». El chiste da título al documental de J. Lee Thompson, estrenado en 1960, *I Aim at the Stars* (*Destino, las estrellas*).

Cuando la derrota de la Alemania nazi ya era innegable, con el ejército soviético a 160 kilómetros de Peenemünde, Von Braun huyó hacia Austria con su hermano Magnus y otros miembros de su equipo. Allí se entregaron a las tropas estadounidenses el 2 de mayo de 1945. Dice la leyenda que Magnus tropezó con un soldado de la 44.ª División de Infantería y le dijo: «Me llamo Magnus von Braun. Mi hermano inventó el V-2. Queremos rendirnos». Tuvieron suerte. El Estado Mayor conjunto de las fuerzas armadas estadounidenses había dado la orden de reclutar a todos los científicos alemanes especializados en las *Wunderwaffen*, las «armas maravillosas» del Tercer Reich. Lo siguiente fue una rueda de prensa en la que declaró su intención de trabajar para Estados Unidos.

Von Braun y su tropa empezaron su carrera norteamericana en Fort Bliss, una base militar al norte de El Paso, Texas, al lado del campo de pruebas donde se había ensayado la primera bomba atómica poco tiempo atrás. Su situación fue precaria durante años; eran medio empleados medio prisioneros de guerra y, lo que es peor, se aburrían. Von Braun odiaba la comida, los sucios barracones y a su nuevo jefe, un joven comandante de inteligencia de veintiséis años que lo llamaba Wernher en lugar de Herr Professor y que no le dejaba hacer nada interesante salvo fabricar V-2. Se consoló escribiendo *Das Marsprojekt* con su colega Krafft Arnold Ehricke, una novelita técnica sobre una posible misión a Marte, donde, al amartizar, se encuentran un Gobierno electo cuyo jefe se llama Elon. Después fue a Redstone, Alabama, donde desarrolló el misil balístico Júpiter y los cohetes Redstone para el programa Mercury, el primer programa espacial tripulado de la NASA.

Von Braun no recibió la nacionalidad hasta 1955, pero esquivó lindamente todos los procesos para enjuiciar los crímenes del régimen nazi, incluidos los vinculados al campo de concentración de Mittelbau-Dora, donde decenas de miles de personas murieron fabricando piezas para el V-2. En la década de los cincuenta, trabó amistad con numerosas personalidades mediáticas, como Arthur C. Clarke, el presentador Walter Cronkite, el periodista Cornelius Ryan y el cineasta Walt Disney, con el que colaboró para el lanzamiento de un parque temático y de un programa de televisión. Produjeron tres capítulos, «El hombre en el espacio», «El hombre y la Luna» y, por último, «Marte y más allá». Herr Professor volvía a ser una celebridad. En 1960 se convirtió en el director del Centro Marshall de Vuelo Espacial de la agencia espacial, donde desarrolló el Saturno V. Su cohete salió de Cabo Cañaveral el 16 de julio de 1969 con tres astronautas a bordo destino a la Luna. «No me digas que no hay lugar para el hombre en el espacio —dijo—. El hombre tiene sitio allá adonde quiera ir».

Este es el paradigma Von Braun de la exploración espacial y de la ciencia en su conjunto: no tiene límites ni moral porque es una herramienta de conquista de la especie humana sobre todo lo demás. Es una visión extractiva y abiertamente capitalista del proyecto, que se adapta perfectamente al modelo económico de empresarios como Jeff Bezos o Elon Musk. «La idea de que viajar a otros cuerpos celestiales es la máxima expresión de la independencia y la agilidad de la mente humana —explicaba su amigo Ehricke, coautor de *Das Marsprojekt*— otorga la dignidad máxima a sus esfuerzos técnicos y científicos y toca la filosofía de su existencia última». En su famoso texto, «El imperativo extraterrestre», Ehricke argumentó que «la Tierra es solo un vagón de pasajeros de lujo en un convoy de vagones de carga llenos de recursos», y es nuestra responsabilidad explorar esos nuevos mundos para el desarrollo de fuentes de energía, extracción de minerales y la expansión de nuevas colonias hacia el infinito y más allá.

Este relato de la evolución y el progreso es el que domina la Era de los Descubrimientos, de la conquista de América hasta los «redescubrimientos» del capitán Cook. No solo capitaliza el arquetipo del viaje como vehículo evolutivo contra la extinción, sino que también aparca sus enormes galeras en la fundación misma de la ciencia moderna occidental. Se pueden ver en la portada del *Novum Organum* de Francis Bacon, bajo el arco donde se lee «Multipertransibunt et augebitur scientia» («Muchos cruzarán y la ciencia crecerá»). El «nuevo instrumento de ciencia» al que se refiere el título es el método científico, el nuevo modelo de investigación a partir de datos, experimentos, demostraciones y herramientas técnicas que propone Bacon. Y los arcos que muchos deben cruzar para que prospere la ciencia son las Columnas de Hércules, que marcan el final del Mediterráneo y el principio del Atlántico, el lugar que ahora llamamos estrecho de Gibraltar. Para Bacon, ese viaje representaba el tránsito de la filosofía mediterránea, dominada por el modelo aristotélico de razonamiento deductivo para producir conocimiento científico, hacia los métodos de exploración de las misiones científicas que vuelven del Nuevo Mundo cargadas de oro, minerales, resinas y esclavos indígenas. Casualmente, Carlos I de España y V de Alemania, el César, había incorporado las mismas columnas a su escudo de armas con la divisa «Plus ultra» como símbolo de su imperio, donde se dice vulgarmente que no se ponía el sol.

Aquellas campañas de exploración, caracterizadas por la aniquilación y la transformación de lo explorado por vía del genocidio, la destrucción del hábitat y la recreación de las ciudades «civilizadas» de la Vieja Europa, nos repugnan ahora tanto que hasta el papa ha pedido perdón por los pecados cometidos por la Iglesia católica durante la evangelización de América. Nos preocupan tanto que hasta Disney hace películas sobre indígenas mágicos con protagonistas de color. Rechazamos su barbarie y su modelo imperial de dominación, pero no hemos abandonado sus métodos. Se reconocen sin ambigüedad en la industria tecnológica contemporánea, que depende de la extracción intensiva de hidrocarburos, metales, minerales y tierras raras y de la extracción masiva de datos como parte de un proyecto de optimización del ser humano, un nuevo instrumento civilizador que opera a escala mundial para sacar el máximo rendimiento del planeta y de la mayor parte de sus habitantes. Y la misma industria que habla ahora de proyectar la luz de la especie humana más allá de la Tierra está más preocupada por el agotamiento de los recursos que explota. Como dice Kate Crawford en su fabuloso *Atlas of AI*, la inteligencia artificial no es ni artificial ni inteligente. Depende completamente de los recursos naturales que extrae y de las personas a las que explota para parecer autónoma. En otras palabras, Jeff Bezos y Elon Musk no compiten por salvar a la humanidad, sino por desembarazarse de ella. Como dice George Monbiot, son emperadores romanos puestos de *speed*, que extraen recursos de su imperio para proyectar su ego más allá de las estrellas y vuelven a celebrarlo con las víctimas de su explotación. El futuro está en descubrir y explotar las materias primas apropiadas en el nuevo mundo. Pero, a diferencia de Francis Bacon, no les interesa que muchos crucen esas puertas. El capitalismo no comparte ganancias. La conquista requiere exclusividad.

Como todas las formas educadas de violencia, esta es la clase de «ciencia» que se vuelve dominante en tiempos de inestabilidad política, cuando se reordenan las fichas de la geopolítica global. Bezos vuelve del espacio dando «gracias a los empleados y clientes de Amazon. ¡Habéis pagado todo esto!», y millones de santos inocentes aplauden, sabiendo que es verdad. Pero es incompatible con el verdadero desarrollo científico porque está basado en la destrucción de lo descubierto, en el sacrificio de la solución. Hay otro modelo evolutivo completamente distinto. Frente al aristocrático puño de Wernher Magnus Maximilian, tenemos el ojo de Carl Sagan.

El paradigma Carl Sagan

El Explorer I empezó a orbitar alrededor de la Tierra el 31 de enero de 1958. El programa Sputnik tenía ya dos satélites en órbita, para desesperación del Gobierno estadounidense. Para la conquista de un territorio, llegar el primero es crucial. Pero su diseñador, James van Allen, estaba satisfecho, porque después de muchas dificultades habían conseguido equipar el objeto con un contador Geiger y un altímetro para medir los niveles de radiación de los rayos cósmicos en la atmósfera. Gracias a los datos que recogieron, el Explorer I fue una de las cumbres del Año Geofísico Internacional (AGI), un esfuerzo colectivo en el que cientos de instituciones científicas procedentes de sesenta y seis países cooperaron en una serie de observaciones sobre la Tierra y sus alrededores cósmicos.

El AGI no era un acontecimiento geopolítico sino una fiesta científica; celebraban el primer centenario de la tormenta solar más potente jamás registrada, un suceso que marca el comienzo de la astronomía moderna. El 1 de septiembre de 1859, el Sol emitió una inmensa llamarada que, en menos de dieciocho horas, había deformado el campo magnético terrestre, produciendo impactantes auroras boreales que se pudieron ver hasta en Colombia. Dice la leyenda que los buscadores de oro de las Rocosas salieron a trabajar horas antes de lo previsto, pensando que había salido el sol. Las auroras australes fueron registradas en Santiago de Chile. Habría sido un fenómeno delicioso si no fuera por que tumbó las infraestructuras de telégrafo en toda Europa y América del Norte. Hoy habría destruido parte de nuestras infraestructuras, incluidos la radio, los satélites y el tendido eléctrico, dejándonos a oscuras durante semanas, meses o incluso años, pero jugamos con ventaja porque sabemos que existe. Esta es la clase de tormenta que protagoniza uno de los relatos apocalípticos de nuestro tiempo, la teoría del Gran Apagón. Por suerte, las partículas pesadas viajan relativamente despacio y su efecto dura poco. Un evento de esa magnitud sería registrado con suficiente antelación para tomar medidas preventivas sencillas, como, por ejemplo, apagar los transformadores durante la duración de la tormenta. Un ataque de pulso electromagnético, como la bomba Arcoíris, también destruiría todas nuestras infraestructuras, pero eso no sería un acontecimiento climático inesperado, sino otra clase de problema que requiere otra clase de prevención.

La llamaron «evento Carrington», en honor al astrónomo aficionado británico que la registró desde el primer momento, porque le pilló preparado mientras observaba otro fenómeno. Esto no le pasó solo a él. La observación científica era el último grito entre los jóvenes educados de la época gracias a la influencia de las sociedades científicas, y había al menos otro astrónomo mirando el cielo, de nombre Richard Hogdson, que publicó sus observaciones en la revista de la Royal Astronomical Society de Londres junto con las de Carrington. Pero fue el primero que supo conectar esas observaciones con la tormenta geomagnética registrada por el físico escocés Balfour Stewart en el Real Observatorio Astronómico. La hipótesis de Carrington —que había relación entre la aurora boreal y el magnetismo terrestre— fue investigada de forma exhaustiva por el matemático estadounidense Elias Loomis y ratificada en varios *papers*, publicados en la revista *Scientific American* dos años después. La visión científica del progreso, que comparten la mayor parte de los científicos desde entonces, es que la observación y el análisis colectivos de los fenómenos del universo a través de instrumentos cada vez más precisos son más valiosos para la ciencia que la conquista y transformación de nuevos espacios a golpe de ingeniería imperial. Esta visión alternativa al paradigma Von Braun se conoce vulgarmente como «paradigma Carl Sagan».

«El 99,9 por ciento del tiempo que hemos vivido en la Tierra hemos sido cazadores-recolectores —explicaba Sagan en el discurso de inauguración de un congreso de la National Geographic Society de Washington en 1992, sobre el valor de la exploración espacial—, así que es probable que ser cazadores-recolectores sea parte de nuestra naturaleza». En tiempos de superpoblación planetaria, la única expresión posible de esa naturaleza es la exploración de otros mundos, encarnada en las misiones del Apolo, pero el interés de esas misiones está más vinculado a la excitación del peligro que a su valor científico. «Es el componente inseparable de la gloria», explica. «Para estudiar los aspectos fundamentales de la física y la astronomía, los instrumentos que orbitan la Tierra son un vehículo más apropiado» no solo para extraer datos capaces de ampliar nuestra visión del universo, sino también para tener una visión del futuro que nos impulse hacia él. Sagan solo encuentra un argumento que justifique enviar humanos al espacio: la posibilidad de que un objeto de un kilómetro y medio de diámetro choque contra la Tierra en los próximos cien años, liberando energía suficiente para matar a mil millones de personas. Entonces «sería más seguro para la especie humana habitar otros mundos», pero considera que la manera más eficiente de gestionar esa amenaza es «hacer un inventario de todos los objetos que podrían acercarse lo suficientemente a la Tierra y desarrollar las tecnologías adecuadas para desviarlos». Este es el espíritu que dominaba el Año Geofísico Internacional.

El AGI estableció un marco filosófico para que la comunidad científica compartiera los avances que había conseguido durante los años de efervescencia bélica. La tesis era que la guerra es un asunto de los países pero la ciencia es un asunto de la humanidad. En su archifamoso ensayo «Cómo podríamos pensar»,[8] publicado en 1949, Vannevar Bush alertaba de que no podían dejar que sucediera lo mismo que le pasó a Mendel, cuyas leyes de la genética «se perdieron durante toda una generación debido a que no llegaron a ser vistas por esos pocos científicos de la época capaces de comprenderlas y difundirlas». La guerra había traído nuevas y poderosas herramientas. «Células fotoeléctricas capaces de ver los objetos en un sentido físico, fotografía avanzada que puede registrar lo visible e incluso lo que no se ve, válvulas eléctricas o «bulbos» capaces de controlar potentes fuerzas por medio del uso de una potencia menor que la que un mosquito necesita para batir sus alas, tubos de rayos catódicos que vuelven visibles sucesos tan breves que, en comparación, un microsegundo es un largo lapso de tiempo, combinaciones de relevadores eléctricos que pueden llevar a cabo secuencias de movimientos con mayor confiabilidad y miles de veces más rápido que cualquier ser humano». Su texto proponía otra clase de revolución, «una transformación en los archivos científicos» para facilitar el acceso de toda la comunidad científica. Como explica Thomas Kuhn en *La estructura de las revoluciones científicas*, los cambios revolucionarios no están solo en el descubrimiento sino en las prácticas, los objetivos, las normas de procedimiento y los criterios de evaluación.

Tenían un precedente inmediato, el Año Polar Internacional. El consorcio internacional para explorar las regiones polares se había fundado en 1879 y había resultado gravemente herido por las dos grandes guerras mundiales; algo que tenía difícil arreglo porque el fundador había sido un oficial austrohúngaro, Karl Weyprecht. En el primer encuentro del AGI, que tuvo lugar en Bruselas en el verano de 1953, los geofísicos que organizaban el acontecimiento establecieron en sus postulados que cualquier vehículo de descubrimiento o investigación científica sería sagrado en tiempos de guerra y que los científicos, «incluso siendo enemigos, continuarán su amistosa colaboración y perseguirán su ocupación hasta que cada parte del océano esté en el dominio de la investigación científica, y un sistema de investigación se extienda como una red por su superficie y sea productivo para el comercio, la navegación y la ciencia, y productivo para la especie humana». Bellos y visionarios propósitos que, en aquel momento, firmaron representantes de Bélgica, Dinamarca, Francia, Holanda, Noruega, Portugal, Rusia, Suecia, Gran Bretaña y Estados Unidos. No invitaron a Alemania, Italia o Austria, actores fundamentales en el desarrollo científico y filosófico del siglo XX.

En los cinco años que separan la fundación de su celebración en 1957, el comité del AGI hizo una fuerte labor de relaciones públicas, invitando a unirse al esfuerzo a instituciones científicas, estaciones meteorológicas, observatorios astronómicos e institutos dedicados a la observación de los fenómenos terrestres. Crearon una secretaría con cinco delegados para gestionar la estructura del proyecto y un comité de reporteros para las catorce disciplinas, de meteorología a auroras boreales, pasando por los glaciares. La ambición era que todas las maravillas de la guerra, incluidos cohetes, radares y computadoras, tenían que coordinarse para estudiar el sistema terrestre y alrededores.

En el transcurso del AGI se lanzaron quinientos cohetes de investigación, doce satélites científicos y cinco sondas espaciales diseñadas para observar la actividad solar, los rayos cósmicos, el geomagnetismo, las auroras boreales y la física ionosférica. Se instalaron magnetómetros de gran sensibilidad para registrar las anomalías magnéticas del suelo oceánico, arrastrados por grandes buques transoceánicos. Se cerró el primer Tratado Antártico, que reservó el continente para la investigación científica con fines pacíficos. En tres meses habían inaugurado el World Data Center System para archivar y distribuir los datos recopilados de los programas de observación en cincuenta y dos centros de doce países. Se creó el primer puesto global de análisis del clima, un nuevo ángulo de monitorización de la propia Tierra cuya precisión derivaba no del secreto y la concentración de poderes, sino de la multiplicidad.

En su interesante *La terraformación*, el pensador californiano Benjamin Bratton argumenta que esta nueva epidermis hecha de satélites, sensores y datos sincronizados es, de hecho, el origen del cambio climático, puesto que este último es una realidad epistemológica, el resultado de ese nuevo ángulo de visión. Es una «pauta empíricamente validada» que solo se extrae de ese «vasto aparato de detección, vigilancia, modelización y cálculo biopolítico a escala planetaria».[9] Hasta entonces, el cambio climático no existía porque sin esa nueva capa no podíamos verlo.

Es un razonamiento provocador, que confunde deliberadamente el mundo con el mundo interpretado porque nosotros
también lo hacemos. El relato es lo que da forma a la realidad.
Naturalmente que el microbio precede al microscopio y que no
es el telescopio lo que pone a la Tierra a dar vueltas alrededor
del Sol. Las tecnologías que cambian el relato no transforman el
mundo pero sí nuestra experiencia del mundo, creando lo que
algunos llaman un «trauma copernicano», al desarticular un
mito que se había endurecido hasta configurar la forma de
nuestra corteza cerebral. Por eso las grandes tecnologías encuentran grandes resistencias. Pese a la retórica cowboy-ciber-
transgresora de la conquista de nuevos mundos, el científico ha
sido siempre más revolucionario que el explorador.

Con los datos que recibieron del pequeño satélite Explorer 1,
Van Allen y su equipo fueron capaces de descubrir que cierto
número de partículas eléctricas, procedentes del viento solar y
la ionosfera, quedaban atrapadas en el campo magnético de la
Tierra formando dos cinturones de radiación que envuelven el
planeta. Descubrieron que esa radiación tenía un efecto distor-
sionador sobre los instrumentos, alterando las mediciones de los
equipos electrónicos y ópticos y cambiando su comportamiento. También que «la población de partículas de los cinturones de
radiación de la Tierra es peligrosa para los humanos sin una
protección masiva, ya que pasa a través de ellos». Los magnetómetros en el suelo oceánico ratificaron la teoría integrada de
la tectónica de placas, cuyos movimientos expanden océanos, desplazan continentes y crean montañas, volcanes, terremotos, fa-
llas geológicas y muchas más cosas espectaculares. Menos espectacular pero más relevante, en 1963 J. Murray Mitchell usó los
datos combinados de doscientas estaciones meteorológicas para
crear una reconstrucción de la temperatura planetaria desde 1880,

descubriendo que lleva subiendo incrementalmente desde 1940. Hasta el proyecto más modesto derivado del Año Geofísico Internacional ha demostrado ser mucho más crucial para la supervivencia de la especie que cualquiera de las veintidós misiones del Programa Apolo, cuyo objetivo no era científico sino colonial.

En un ensayo para la revista científica *Issues* en 1992,[10] Van Allen argumentaba que las misiones Apolo y sus precursoras habían desempeñado un papel importante para Estados Unidos en el contexto de la Guerra Fría y para «elevar el espíritu», pero que la contribución científica o incluso técnica de esa clase de misiones había sido entre modesta e insignificante. «El riesgo es alto, el coste es enorme y la ciencia, insignificante», explicó.

> Prácticamente todos los avances científicos importantes del programa espacial los han conseguido cientos de pequeños robots orbitando la Tierra o en misiones a planetas lejanos como Mercurio, Venus, Marte, Júpiter, Saturno, Urano y Neptuno. La exploración robótica de otros planetas y sus satélites, así como de los cometas y asteroides, ha revolucionado nuestro conocimiento del sistema solar. Las observaciones del Sol nos proporcionan nuevos ángulos sobre las dinámicas de nuestra estrella, la fuente última de vida en la Tierra. Y los grandes observatorios astronómicos están haciendo contribuciones sin precedentes al estudio del cosmos. Todos estos avances sirven el propósito de satisfacer la curiosidad humana y la apreciación de nuestro lugar en el universo. Creo que estos esfuerzos siguen contando con el entusiasmo y el apoyo del público. La prueba está en el interés general por las imágenes e inferencias del telescopio espacial Hubble, el telescopio espacial Spitzer y los intrépidos *Mars rovers* Spirit y Opportunity.

Han pasado casi dos décadas y Van Allen tenía razón: son esos robots los que nos han llevado a lugares imposibles. En diciembre de 2021, la sonda Parker se convirtió en el primer artefacto humano en «tocar» el Sol; una inversión de mil quinientos millones de dólares que solo sirve para analizar los campos magnéticos de su atmósfera y el comportamiento de los vientos solares; para saber por qué la estrella que nos da la vida alcanza temperaturas mucho más altas en la superficie que en el interior. El telescopio espacial James Webb, el más potente jamás construido, fue lanzado en diciembre de 2021 desde la base de la Guayana Francesa por un consorcio de veinte países, pero lleva en desarrollo desde 1996. Costó diez mil millones de dólares, pero solo es capaz de observar los eventos y objetos más distantes del universo; para entender cómo nacen las estrellas, por qué surgen las galaxias, de dónde viene la luz. Son proyectos de exploración sin perfil inmobiliario, cuyo único valor es acumular conocimiento sobre el origen de todas las cosas que existen en el universo. Y el giro copernicano que prometen es algo que en realidad ya sabemos: todos somos polvo de estrellas. Hombres, animales, minerales y legos, elefantes y banqueros, motosierras, mariposas y cascadas. Todo es naturaleza, incluido lo que llamamos «humano», lo que llamamos «salvaje» y lo que llamamos «artificial».

En noviembre de 2021, un objeto salió de la Tierra a seis kilómetros por segundo con la intención de estrellarse contra Dimorphos, un asteroide que orbita alrededor de otro mucho más grande, a once millones de kilómetros de aquí. El objeto se llama DART (siglas en inglés de Prueba de Redireccionamiento del Asteroide Doble) y su objetivo es desviar al asteroide de su órbita para ver lo que ocurre. Es la primera misión de defensa planetaria de la NASA y responde claramente a la petición de

Carl Sagan. Por otra parte, DART salió de California a bordo de un cohete SpaceX Falcon 9 y es un proyecto exclusivo de la NASA. Este modelo unilateral de intervención violenta del cosmos para la protección de la especie humana es la parte donde los dos paradigmas se juntan, un espacio semiparadójico que podríamos llamar «paradigma Sagan-Von Braun». En el extremo más opuesto del espectro, un telescopio colectivo liderado por un grupo de astrofísicos y un equipo de teóricos consiguió algo igual de imposible sin salir de la Tierra: fotografiar un agujero negro supermasivo ocho veces más grande que nuestro sistema solar.

El agujero negro está en el corazón de la galaxia M87, en la constelación de Virgo. Es mentalmente imposible comprender lo lejos que está y lo grande que es. Tiene una masa equivalente a 6.500 millones de veces la masa del Sol, pero es lo opuesto al Sol. El agujero negro es una sombra que se lo traga todo y cuyo borde visible, llamado «horizonte de sucesos», es el punto de no retorno más allá del cual la gravedad es tan extrema que ni siquiera la luz puede escapar. Ese anillo de luz que se pierde dentro de sus fauces es la única parte visible del agujero negro, y es tan grande y está tan lejos que no hay telescopio lo suficientemente grande y potente para poder mirarlo de verdad. Haría falta construir un globo ocular del tamaño del planeta Tierra. Así construyeron el Event Horizon («Horizonte de Sucesos»), el telescopio que lo retrató.

El planeta de ocho ojos

«Imagínate que rompes un espejo óptico y colocas los fragmentos en lugares diferentes —explica el primer director del Event Horizon Telescope (EHT), Sheperd Doeleman, en un documental de Peter Galison—.[11] En un espejo normal, los rayos de luz rebotan sobre la superficie, concentrándose en ciertos puntos a la vez. Nosotros cogimos la grabación [de cada uno de esos puntos] y, gracias a la precisión de un reloj atómico, la alineamos perfectamente en un superordenador. Y así recreamos una lente del tamaño de la Tierra». Los fragmentos que configuran el ojo múltiple del EHT son ocho telescopios submilimétricos repartidos en los lugares más altos y más secos de la Tierra; ojos que coronan volcanes inactivos de México y Hawái, los picos del monte Graham en Arizona y de Sierra Nevada en España, los llanos del desierto de Atacama en Chile y la base Amundsen-Scott en el Polo Sur.

Después de convencer a cada una de las instituciones de la viabilidad del proyecto, el equipo del EHT pasó una década equipando cada radiotelescopio con la clase de sistema capaz de registrar las ondas gravitacionales del agujero negro utilizando relojes atómicos. La técnica aprovecha la rotación terrestre para sincronizar la mirada de los telescopios hasta alcanzar una resolución cuatro mil veces superior a la del telescopio espacial Hubble, entonces el más potente en funcionamiento. La operación no fue barata, pero fueron consiguiendo financiación del Consejo Europeo de Investigación (CEI), la Fundación Nacional de Ciencias de Estados Unidos y agencias de Asia oriental que se sumaron después. Finalmente, en abril de 2017, un equipo de doscientos científicos sincronizó los ocho telescopios para mirar a la M87 durante diez días. El recuerdo de lo que vieron quedó registrado en cinco petabytes de datos, media tonelada de discos duros que fueron enviados en avión al Instituto Max Planck de Radioastronomía de Bonn y al Observatorio Haystack de Massachusetts, donde docenas de especialistas usaron los supercomputadores para coser cuidadosamente las ondas registradas hasta crear una sola imagen.

El equipo del EHT presentó la foto el 10 de abril de 2019. Fue la rueda de prensa científica más seguida de la historia, demostrando que estos proyectos siguen contando con el entusiasmo y el apoyo del público. Van Allen puede descansar en paz. Y fue una presentación larga porque, además de explicar las consecuencias del logro alcanzado y las técnicas utilizadas, hicieron un conmovedor esfuerzo por encarnar el triunfo de un impulso colectivo de colaboración científica internacional a gran escala en tiempos de nacionalismo tóxico. Un esfuerzo que les honra, aunque debería ser lo más fácil. La ciencia es siempre colectiva, pero su biografía no.

El arquetipo domina el relato científico igual que domina todos los relatos, con su narcisismo icónico, lleno de drama e intensidad. Lo quiere individualista, heroico y certero, centrado en un solo acontecimiento crucial. Necesita la especificidad del triunfo individual de un visionario —hombre, blanco y europeo— que se sobrepone a los obstáculos produciendo el momento eureka que cambiará el mundo. Retrata la ciencia en estado binario, donde el genio es la inspiración que visita al científico una noche para encenderle la luz. Incluso cuando cabalga a hombros de gigantes, los gigantes no son comunidades, sino visionarios (blancos y europeos) como él. Visionarios que descubren fórmulas, tratamientos, criaturas y minerales de la misma forma que los exploradores descubren islas y continentes que ya están habitados, como el escalador corona la cima del mundo sin mencionar al lugareño nepalí que le llevó hasta allí, como los héroes de la exploración antártica que mueren miserablemente tratando de clavar su bandera en la cruz que los inuit les han dibujado en el mapa, después de explicarles cuántos perros necesitan para alcanzarla y lo que encontrarán al llegar. Sin héroe no hay drama y sin drama no hay titular. Poco después de presentar la foto del agujero negro, cientos de periódicos publicaron un *spin-off* de la historia que tuvo más recorrido, precisamente por reformularla en estos términos: «La mujer de veintinueve años detrás de la primera foto de un agujero negro».

La mujer en cuestión, una encantadora ingeniera eléctrica llamada Katie Bouman, era una becaria de posdoctorado que había colaborado en el procesamiento de la imagen; una labor de gran intensidad, para la que docenas de investigadores se dividieron en grupos dedicados a mapear minuciosamente la información y comprobar una por una las imágenes creadas, hasta llegar al resultado que ya conocemos. Hacia el final del laborioso proceso, Katie subió una foto suya a Facebook que, como dice el *Times*, «era demasiado buena para no ser compartida». Se ve a una chica casi demasiado joven compartiendo con júbilo infantil la famosa foto renderizada en su pantalla. En la descripción pone: «Mirando con incredulidad cómo se reconstruye la primera foto que hice del agujero negro». Rápidamente, la prensa cambió el esfuerzo colectivo por la posibilidad de una niña superdotada liderando el esfuerzo desde las sombras. Héroe, drama y titular.

En su descargo, se daban algunos hechos circunstanciales. El primero y más evidente es que la historia de la ciencia está tejida con el esfuerzo no reconocido de millones de mujeres. Es inevitable y hasta necesario que, en el momento de corregir el péndulo de esa discriminación histórica, este se escore hacia el lado opuesto. Segundo, Bouman había dirigido el desarrollo de un algoritmo para tomar la fotografía de un agujero negro, sobre el que habla en una conferencia TED en 2016. Pero, según fuentes de *The New York Times*, al final esa técnica no había sido utilizada para crear la imagen, lo que no quita mérito al trabajo de Bouman pero sí al del periodista o los periodistas que la señalaron pensando que sería una buena historia, más atractiva que la original. Y lo fue, para desgracia de la propia Bouman. «Esta imagen no se creó gracias a un solo algoritmo ni a una sola persona —escribió en la misma cuenta de Facebook en la que había publicado la foto—. Se necesitó del extraordinario talento de un equipo de científicos de todo el mundo». Y esa misma noche: «Los reflectores deberían estar sobre el equipo, no solo sobre un individuo. Enfocarse en una persona de esta manera no ayuda a nadie, incluyéndome a mí».

El triunfo individual del visionario que se sobrepone a los obstáculos produciendo el momento eureka que lo cambia todo es la pulsión del relato, y nos atrae con la misma fuerza con la que el agujero negro atrae la luz. Transformar al héroe en una niña es una adaptación al gusto contemporáneo que ya explotan instituciones tan dudosas como Marvel o Disney. El resultado es tan antifeminista como anticientífico, porque la ciencia es colectiva y el feminismo, aún más. Por eso Beyoncé no es un icono feminista ni Elon Musk es nuestro salvador. El arquetipo es una proyección del Imperio, y las herramientas del poder nunca servirán para derrocar al poder.

Tres futuros

Hemos descubierto maravillas jamás soñadas por aquellos antepasados, pioneros en especular acerca de la naturaleza de las luces itinerantes que adornan el cielo nocturno. Hemos sondeado los orígenes de nuestro planeta y de nosotros mismos. Sacando a la luz otras posibilidades, enfrentándonos cara a cara con destinos alternativos de otros mundos similares al nuestro, hemos empezado a comprender mejor la Tierra. Cada uno de esos mundos es hermoso e instructivo. Pero, por lo que hasta hoy sabemos, son también, todos y cada uno de ellos, mundos desolados y estériles. Ahí fuera no existe «un lugar mejor». Al menos por el momento.

CARL SAGAN, *Un punto azul pálido* (1994)

Marte

Millones de personas en todo el mundo siguieron el lanzamiento de la nave espacial Crew Dragon de SpaceX, desde el Pad 39A del Centro Espacial Kennedy de Florida, el sábado 30 de mayo de 2020. Llevaba dos astronautas a bordo, y era la primera puesta en órbita de personas desde Estados Unidos tras la finalización del programa del transbordador espacial (Space Transportation System, STS) en 2011, así como la primera misión espacial comercial con tripulantes. «No soy una persona religiosa pero ese día me puse de rodillas para rezar —confesaba Musk con voz sombría en el podcast de Lex Fridman—. Las siguientes misiones las llevé mucho mejor». Y añadió: «Animo a la gente a ver el documental en Netflix» (*Cuenta atrás. La misión espacial Inspiration4*). El «documental» es un publirreportaje de cinco capítulos sobre el reclutamiento, preparación y lanzamiento de la primera misión espacial orbital integrada para civiles de SpaceX. El mensaje central se mastica repetidamente para las masas: poner a cuatro civiles a orbitar en el Crew Dragon es «un momento histórico para la humanidad» y «la certeza de que nos convertiremos en una especie multiplanetaria» gracias a la visión de Elon Musk y el competente equipo humano de SpaceX.

La propaganda es uno de los ingredientes imprescindibles del proyecto de Musk. Antes de *Cuenta atrás* vino *Marte*, una serie de National Geographic en la que se hibrida la ficción con el documental. Son dos historias paralelas: en una, un grupo de ingenieros ficticios se mata para construir la primera colonia en Marte en 2033; en la otra, los verdaderos ingenieros de SpaceX se matan ahora para llegar hasta allí. El productor, Stephen Petranek, es un consultor futurista con un libro publicado (*Cómo viviremos en Marte*) y dos charlas TED, «Sus hijos podrían vivir en Marte» y «Cuenta atrás para el Armagedón». Dice que tenemos la tecnología para llegar a Marte desde 1948 porque venía explicada en la novela de Von Braun.

Von Braun prometió a Nixon que pondría a norteamericanos en Marte en 1985. Musk está «altamente seguro» de que SpaceX amartizará en 2026. En 2050 habrá enviado un millón de personas al planeta rojo, donde encontrarán «un montón de trabajos» que hacer. Si sobreviven a la misión. «Es verdad que al principio morirá mucha gente —admitió Musk en su conversación con Peter Diamandis, fundador y presidente de la Fundación X Prize—. Te puedes morir, va a ser muy incómodo y probablemente la comida sea mala». El moderado optimismo de Musk podría ser excesivo, incluso en este aspecto. La realidad es que estar en el espacio destruye órganos vitales, nervios ópticos y habilidades cognitivas, además de deshacer los músculos; los astronautas llegan a perder el 20 por ciento de su masa muscular en una semana. Y Marte presenta sus propias dificultades. Aunque Matt Damon llegara y se habituara a las temperaturas extremas o a su presión atmosférica, más de siete veces superior a la de la Tierra, sin que una sola pieza de su equipo protector fallara un solo microsegundo, no habría podido plantar patatas fertilizando el suelo con sus excrementos porque el suelo de Marte está hecho de sales de ácido perclórico que matan cualquier cosa en menos de treinta segundos.

Lo que de momento no nos preocupa, porque antes habría muerto de cuatro tipos de cáncer.

«En el libro tienen este material muy fino y flexible que bloquea la radiación —explica Andy Weir, autor de *El marciano*, a la revista *Scientific American*—.[12] Pero no hay nada ni remotamente parecido en el mundo real». Hasta Kim Stanley Robinson, el autor que ha dedicado gran parte de su vida a investigar las tecnologías que permitirían la posible terraformación de Marte, piensa que es absurdo abandonar la exquisita biosfera terrestre con la esperanza de poder replicarla en un planeta fundamentalmente hostil. En *Settlers*, el melancólico western espacial de Wyatt Rockefeller estrenado en 2021, el protagonista le explica a su hija que se marcharon porque querían algo más y le promete que Marte será algún día como la Tierra. Las paradojas del imperativo extraterrestre empiezan a hacerle grietas al clásico relato de ficción colonial, que en realidad habla de cómo la Tierra un día será Marte. Un planeta hostil donde un puñado de desgraciados sobreviven excavando con la esperanza de que un día sus hijos puedan vivir mejor.

El castillo

A Jeff Bezos lo de Marte le parece una bobada, no solo porque este y Musk se llevan a matar. Más que un inventor, el jefe de Amazon y de Blue Origin es un Thomas Edison, la máquina de producir patentes que explotó y arruinó a muchos de los verdaderos inventores de su generación, desde Nikola Tesla hasta Georges Méliès. Su legado modificó el mundo de la misma forma que Apple y Amazon, robando invenciones ajenas y transformándolas en el motor de un monopolio comercial.

De hecho, podríamos decir que Edison inauguró Silicon Valley al crear el primer laboratorio de investigación industrial en Menlo Park, el lugar que vio nacer a Google y donde Facebook tiene su sede. En ese sentido, Edison fue quien proyectó el mundo contemporáneo, y Jeff Bezos aspira a reinventarlo con el dinero de Amazon, conquistando nuevas fronteras con su sombrero de cowboy. Y a Jeff Bezos el plan de Marte le parece una bobada, pero no porque le preocupe enviar a miles de personas a una muerte segura, sino porque se le queda pequeño como proyecto de expansión inmobiliaria.

«Si te pones a terraformar Marte o algo así de dramático, lo que por cierto sería muy, muy difícil, como mucho puedes duplicar la Tierra —explicaba en la Catedral Nacional de Washington, en un evento titulado "Our Future in Space"—. Pasas de diez mil millones de personas a veinte mil». Un problema que ya no tienes si en lugar de eso construyes colonias que orbiten alrededor de la Tierra, comunidades privadas de un millón de habitantes que roten artificialmente para imitar el efecto de la gravedad. «Estarían tan cerca de la Tierra que podrías regresar cuando quisieras», naturalmente a bordo de su ascensor espacial, el New Shepard. Y no se parecerían nada a Marte o a la estación espacial. El tiempo será como en «Maui en sus mejores días» y la gente podrá literalmente «volar con sus propias alas» aprovechando la falta de gravedad. «Tendrían ríos, bosques y fauna salvaje, y podrías gastar grandes cantidades de energía sin dañar nuestro frágil planeta». Como un episodio randiano de *Vacaciones en el mar*, lleno de ricos bebiendo cócteles, jugando a la brisca y bailando agarrados mientras surcan el borde del espacio sin una sola preocupación.

En un ensayo titulado «La supervivencia de los más ricos y cómo traman abandonar el barco», el teórico Douglas Rushkoff cuenta que en algún momento de 2017 le pagaron el equivalente a medio año de su salario como profesor universitario para dar una conferencia en un *resort* de superricos. Para su sorpresa, la audiencia estaba compuesta de cinco hombres que no tenían interés alguno en su conferencia sino que querían empezar directamente con los ruegos y preguntas. Tras un prolegómeno de preguntas habituales (Bitcoin o Ethereum, computación cuántica, etc.), los hombres procedieron a lo que a Rushkoff le parecieron las cuestiones que verdaderamente les preocupaban, la razón por la que le habían invitado. Querían saber qué región sufriría menos el impacto de la crisis climática, Nueva Zelanda o Alaska, y cómo mantener la autoridad sobre el equipo de seguridad de su búnker después de «El Evento», siendo este una catástrofe climática, social, pandémica o técnica, como un ataque masivo a las infraestructuras críticas o el Gran Apagón.

Sabían que necesitarían guardias armados para proteger sus propiedades de la masa furiosa. Pero ¿cómo pagarían a esos guardias cuando el dinero dejara de tener valor? ¿Qué impediría que los guardias escogieran a su propio líder? Los millonarios consideraron usar una combinación especial de cerrojos para acceder a la comida. También pensaron en obligar a los guardias a llevar collares disciplinarios de algún tipo a cambio de garantizar su supervivencia. O construir robots que hicieran de guardias y trabajadores, si la tecnología pudiera desarrollarse a tiempo.

«De pronto lo entendí —dice Rushkoff—. Para ellos, esta era una conversación sobre el futuro de la tecnología», porque la tecnología que les interesa es la que sirve para escapar y aislarse «del peligro real y presente del cambio climático, la subida del nivel del mar, las migraciones masivas, pandemias globales, pánico nativista y escasez de recursos». Para el 1 por ciento, la crisis climática no es el problema, sino el contexto de los dos problemas que verdaderamente les preocupan: cómo seguir disfrutando de una cantidad desproporcionada de recursos cada vez más escasos sin pagar las consecuencias. Al igual que la singularidad —la fantasía de una insurrección robot que acabe con la especie humana—, las burbujas espaciales son una proyección del odio de clase. Sueñan con construir robots que hagan de guardias y trabajadores, y quieren estar lo más lejos posible del colapso que traería esa clase de automatización. Los castillos burbuja de Jeff Bezos son una variante extrema de los espacios que ya ocupan, espacios artificiales donde reproducir las condiciones de la naturaleza terrestre, a costa de consumirlas en otra parte y al triple de velocidad. Es lo que hacen las sedes de las grandes firmas tecnológicas como Menlo Park y Googleplex.

Las famosas instalaciones de Mountain View, Berkeley y Palo Alto están notablemente equipadas con guarderías y gimnasios, saunas, salas de ensayo y centros de meditación, restaurantes, cafeterías, clases de yoga y esgrima, salas de masaje y aparcamientos cubiertos de placas solares con enchufes para recargar la batería del coche eléctrico. Todo es gratis para sus empleados, incluidos los test diagnósticos y las vacunas para la COVID-19. A su alrededor crece un «asentamiento informal» de gente viviendo en sus coches, caravanas y tiendas de campaña porque trabajan en la industria tecnológica limpiando, cocinando, conduciendo, vigilando, repartiendo y otras tareas, pero no merecen contrato ni son beneficiarios de los emolumentos de los ingenieros, diseñadores, programadores y comerciales del complejo. Los ciudadanos con derechos de las sedes tecnológicas son abrumadoramente hombres caucásicos con un porcentaje creciente de asiáticos y una representación muy minoritaria de latinos, afroamericanos y mujeres, especialmente entre los cuadros técnicos; un dato que tener en cuenta cuando pensamos en la idea de las plataformas digitales como las nuevas naciones-Estado. La versión más extrema —y más cercana— a la visión de Bezos son las ciudades faraónicas completamente disociadas del entorno, como Dubái, Singapur o Nursultán.

Construidas en el desierto o la estepa, las nuevas capitales del dinero se levantan en lugares sometidos a temperaturas imposibles, pero sus habitantes más privilegiados no lo notan. Para ellos, el tiempo es como en «Maui en sus mejores días», facilitado por el clima constante de la calefacción, los humidificadores y el aire acondicionado de los edificios más caros del mundo, conectados entre ellos por gigantescos centros comerciales llenos de plantas tropicales. El consumo estrambótico de agua y electricidad acelera la desertización del entorno, castigando a los millones de personas que se quedan fuera. En el caso de Dubái, es el 88 por ciento de la población. La mayoría son inmigrantes de Marruecos, Sri Lanka, India, Filipinas y Pakistán que viven en lugares como Sonapur, un asentamiento masivo oculto entre las dunas, entre Dubái y Sharjah. Una población que trabaja catorce horas diarias levantando rascacielos y cavando autopistas a temperaturas de 50 °C, que no tiene contrato ni seguro médico, ni puede aspirar a conseguir la ciudadanía de pleno derecho. El mismo fenómeno se repite en Singapur, donde, en lugar de ganarle terreno al desierto, se lo roban al mar.

Ciudades artificiales

El nivel del mar ha subido unos veinte centímetros desde principios del siglo XX. Los océanos se expanden cada vez más rápido. No solo absorben el deshielo de los glaciares de montaña y las capas polares, sino que almacenan más del 90 por ciento de la energía térmica del calentamiento global. El aumento de temperatura hace que su volumen se expanda. El último informe del Grupo Intergubernamental de Expertos sobre el Cambio Climático (IPCC, por sus siglas en inglés) advertía de que, a finales de este siglo, el mar podría haber crecido más de un metro, tragándose islas, pueblos y ciudades costeras en todo el mundo. Un estudio de Climate Central de 2019 calculó que este aumento podría llegar a los 2,1 metros. El informe de riesgo medioambiental del Foro Económico Mundial de 2020 destacaba que, con la aceleración del deshielo, la predicción inicial de 190 millones de afectados podría multiplicarse hasta por tres. La extracción de materiales del suelo y la producción de sedimentos cerca de las costas contribuyen a que la tierra se hunda, dejando algunas costas en un estado de máxima vulnerabilidad.

En 2019, el Gobierno británico «decomisionó» Fairbourne, un pueblo costero del norte de Gales con 850 habitantes, bajo el argumento de que ya no tenía sentido protegerlo del mar. Bangkok encabeza la lista de ciudades que se ahogan, seguida de Ámsterdam y Ho Chi Minh City, en Vietnam. Nueva Orleans se desmorona a un ritmo acelerado por los miles de kilómetros de canales que dejó la industria extractiva en el golfo de México. Singapur, sin embargo, ha crecido más de un 22 por ciento desde 1965, gracias a un bizarro proceso de anexión de islas que consiste en rellenar el terreno que las separa de la costa y calificar el terreno ganado como parte del *inland*. El milagro se explica con un solo dato: la arena es el segundo material más vendido del mundo después del agua y Singapur es uno de sus principales importadores.

El milagro de Singapur es, en realidad, un proceso único de manipulación geográfica y de extravagante colonización porque, para hacer crecer su territorio, necesita la tierra de otros países, alterando la geografía de ambos. Empezó a mediados de los años sesenta usando tierra de sus montañas para «reclamar» las islas. Cuando su orografía quedó plana y no le quedaba arena que rascar, empezó a importar arena de Malasia e Indonesia. Como resultado de la extracción, muchas de sus islas se han quedado sin playa, o están ahora sumergidas bajo el mar. A principios de la década de 2000, ambos países prohibieron la venta de arena a Singapur, rechazando un proceso de expansión que no solo estaba destruyendo su ecosistema sino que también amenazaba su soberanía. En septiembre de 2003, el ministro de Exteriores de Singapur respondió con un comunicado oficial en el que se decía: «Singapur es un país muy pequeño y con muy poco terreno, y la reclamación [de tierra] es necesaria para nuestra supervivencia y prosperidad».

El terreno reclamado ha servido de plataforma para la explosión inmobiliaria retratada en la película *Crazy Rich Asians*, impulsada por un régimen cada vez más laxo de paraíso fiscal. La inyección de cemento ha hecho subir las temperaturas nacionales por encima de lo razonable, debido al efecto isla de calor. En estas ciudades faraónicas, la superficie crece a costa del trabajo semiesclavo de una población inmigrante que absorbe las inclemencias del clima sin disfrutar de derechos sociales o laborales ni aspirar a la nacionalidad. Esos trabajadores ya están en Marte, un planeta árido y peligroso donde no existen los derechos civiles. Todas estas ciudades artificiales construidas contra los elementos dependen completamente de la tecnología, pero viven rodeadas de la otra amenaza: las víctimas directas de su explotación.

«La buena noticia es que las élites del mundo confían más

que nunca las unas en las otras —explicaba Ngaire Woods en el Gran Encuentro de Narrativa del Foro Económico Mundial de Dubái, en noviembre de 2021—. La mala noticia es que, en todos los países donde hacemos encuestas, la mayoría de la gente confía menos que nunca en las élites». Woods es profesora de Gobernanza Económica Global de la Universidad de Oxford y fundadora de la Escuela de Gobierno Blavatnik, pero no hace falta serlo para saber por qué. Hay una fotografía del brasileño Tuca Vieira que explica claramente el motivo. A la izquierda, se ven los tejados de aluminio y amianto de Paraisópolis, una de las favelas más grandes de São Paulo, donde se apelmazan catorce mil construcciones con más de setenta mil almas conviviendo entre la precariedad y la pobreza extrema. A la derecha se ve la torre Penthouse, un edificio blanco con una columna de terrazas que se abren en abanico mostrando sus jacuzzis en forma de riñón. El muro que separa los dos lados de la foto parece uno de esos filtros que se desplazan de izquierda a derecha, quitando y poniendo color. Del gris de Paraisópolis a los vibrantes colores del césped, el limpio azul de las piscinas y el rojo de las canchas de tenis que rodean la torre del barrio de Morumbi. Son el yin y el yang de la desigualdad, porque sin torre no hay favela y sin favela no existe la torre. Todo arriba tiene un abajo. Para que floten los multimillonarios, alguien tiene que cavar.

No hace falta irse a Latinoamérica. Los residentes de Buckhead, el barrio alto de Atlanta, quieren independizarse de la ciudad para no convivir con la inseguridad de sus calles. Buckhead es un barrio blanco de mansiones en la ciudad de *Lo que el viento se llevó*. Es el único barrio que votó a Donald Trump en una ciudad donde el 51 por ciento de la población es afroamericana. No solo no quiere convivir con ella sino que quiere dejar de contribuir fiscalmente para que mejoren los hospitales, las escuelas y los servicios sociales de la gente que limpia sus casas, llena sus almacenes, recoge a sus hijos y construye sus autopistas. Lo que solo puede acelerar aún más su deterioro.

Jeff Bezos tiene la solución a ese problema, y es separar ambos mundos antes de que la crisis climática, la crisis alimentaria o la crisis del desempleo que promete la automatización les empuje a la revolución. Su colonia flotante es un Dubái sin pobres asomando por los intersticios, un Googleplex sin *homeless* que roben bicicletas alrededor. Un Camelot sin favelas, sin campos de refugiados, sin manifestantes, sin líderes sindicales. Un feudo a prueba de huelgas y de pandemias donde solo habrá ricos, máquinas y sirvientes. Un olimpo de dioses que podrán vigilar a los ruidosos humanos por control remoto, sin tener que preocuparse por que se amotine la milicia contratada cuando falte para comer. Tanto Bezos como Musk desarrollan infraestructuras de vigilancia a prueba de revueltas, nacionalizaciones y terremotos: Starlink, de SpaceX, ofrece ya servicio en Estados Unidos, Reino Unido y Canadá con más de mil nanosatélites en órbita; Kuiper Systems, de Amazon, ha prometido lanzar 3.200 satélites en 2022. Queda un tercer escenario de expansión postapocalíptica que sirve de puente entre las colonias en Marte y el Dubái flotante de Bezos. Un escenario que consume todavía más agua y quema más energía: el servidor.

Metaverso

Si eres autónomo y no trabajas en la cantera, repartiendo paquetes o poniendo vacunas, ya conoces el Metaverso, y sabes que no es una distopía cryptopunk. El Metaverso que viene es la evolución inmersiva de nuestra primera temporada pandémica, un mundo donde todos trabajan desde casa, de niños asistiendo a clases virtuales, de enfermos atendidos por contestador automático, de supermercados a domicilio y cumpleaños, entierros y bodas por Zoom. Una adaptación a la que solo entramos dejando nuestros ojos y oídos en la puerta, abandonando todo contacto con la realidad. Qué podría salir mal.

A finales de 2021, Facebook se cambiaba el nombre a Meta mientras su primera garganta profunda declaraba en el Congreso. Frances Haugen, exjefa de producto en el equipo de integridad cívica de la empresa, explicó que podrían haber mitigado las noticias falsas, las campañas oscuras y la clase de teorías de la conspiración que empujan a la gente a rechazar vacunas, destruir antenas telefónicas o entrar en el Congreso estadounidense con un arma cargada para impedir que el vicepresidente acepte la derrota de Donald Trump. Que Mark Zuckerberg tenía herramientas para evitar el asalto al Capitolio y que decidió no implementarlas porque habrían ralentizado el crecimiento del negocio y reducido los beneficios. Que los algoritmos de la plataforma premian los contenidos más tóxicos, favorecen la radicalización de personas inestables y amplifican deliberadamente las campañas de desinformación, porque el negocio se basa en la adicción, la vigilancia y la manipulación de sus miles de millones de usuarios. Los documentos que filtró Haugen mostraron a un Mark Zuckerberg que patrocinaba un programa de verificadores externos mientras mantenía un club exclusivo de 5,8 millones de usuarios exentos de moderación. Que recibía informes internos sobre el daño que les hace Instagram a los niños mientras preparaba el lanzamiento de Instagram Kids. Que sabía que su empresa estaba implicada en campañas de limpieza étnica y fraude electoral, pero lo negaba en el Congreso y calificaba de ridícula la sola idea en las entrevistas. «El partido os decía que negaseis la evidencia de vuestros ojos y oídos», dice *1984*. Hoy nos diría que nos pongamos las gafas de realidad virtual.

Por un lado, las gafas de realidad virtual aíslan completamente al usuario. Permiten someterlo a la misma clase de circuitos dopamínicos y recompensas artificiales que la máquina tragaperras o el móvil, pero de forma más íntima y persuasiva, sin interrupciones del mundo exterior. Por otro, ofrecen una ventana directa a sus reacciones. La máquina podrá estudiar sus globos oculares mientras los bombardea con millones de fotones desde su pantalla estereoscópica, recogiendo sus patrones de respuesta a los estímulos. Si el móvil permite predecir dónde estará físicamente el usuario tras solo cuatro meses de observación, la nueva interfaz podrá inferir dónde está su cabeza, y usar esa información para entrenar los algoritmos que aspiran a sustituir los trabajos cognitivos.

En lugar de un videojuego, el Metaverso que viene es la arena donde empresarios, gobernantes y patrones podrán evaluar la productividad de los trabajadores, la atención de los estudiantes y la predisposición de los profesores, mientras se crean modelos destinados a reemplazarlos de una vez por todas. Aunque hay grandes empresas de videojuegos desarrollando espacios virtuales, como Roblox y Epic Games, los gigantes tecnológicos como Facebook y Microsoft compiten por ser el suelo donde pondrán sus tiendas. Un feudo de infraestructuras virtuales donde otros alquilarán sus oficinas y universidades, guarderías y hospitales, tiendas, festivales, oficinas de atención al ciudadano y *peep shows* cuando nuevos acontecimientos climáticos, temperaturas extremas o pandemias interrumpan la vida cotidiana como lo hizo la COVID-19 en 2020. Quieren ser el Android y el iPhone de la realidad virtual, con el régimen de alquiler que ya conocemos. Tanto las aplicaciones como los usuarios estarán sometidos a los precios y las normas cambiantes que decida un solo individuo o una sola empresa, y todos sus datos serán visibles para el servidor. Un detalle que tener en cuenta por parte de las administraciones antes de delegar la gestión de la escuela o la sanidad pública. Al mismo tiempo, las empresas que consigan monopolizar el Metaverso dependerán de enormes centros de datos y conexión 5G, lo que significa que estarán sujetas a servicios como Amazon Web Services, Microsoft Azure y Google Cloud.

Pero parecerá un juego, o al menos será mejor que la mezquina realidad de los apartamentos cada vez más pequeños en ciudades cada vez más peligrosas, para coexistir con nuestras comunidades virtuales en luminosos condominios de cualquier rincón del sistema solar. Podremos salir, trabajar, hacer deporte y hasta dormir con nuestra actriz o personalidad favorita sin tener que salir de casa, cambiarnos de ropa o ducharnos. Tendremos sanidad, educación y terapia gratis las veinticuatro horas del día, aunque será una inteligencia artificial que registrará todas nuestras incidencias, negociará nuevos fármacos para aplacar nuestros síntomas y los sumará a nuestro informe de riesgos como criterio de evaluación. Con un poco de suerte, estaremos tan entretenidos que ya no querremos aparearnos, como le pasa al protagonista de *Her*, la película de Spike Jonze. Lo cual podría ser parte del plan, porque este futuro que planea el valle de colonias en Marte, castillos en órbita y gafas de realidad virtual, empieza con un *blockbuster* titulado *Ensayo sobre el principio de la población*.

SUPERPOBLACIÓN

El primer *influencer* del crecimiento desenfrenado fue un clérigo británico llamado Thomas Robert Malthus. En 1789 advirtió de que la población crecía en progresión geométrica, duplicándose cada veinticinco años según el ritmo de crecimiento registrado en Gran Bretaña durante el siglo XVIII. Pero los alimentos aumentaban en progresión aritmética. No hacía falta ser economista para sacar una conclusión. «Basta con poseer las más elementales nociones de números para poder apreciar la inmensa diferencia en favor de la primera de estas dos fuerzas». La catástrofe resultante del desfase, conocida como «catástrofe maltusiana», sería una explosión de guerras, enfermedades y hambrunas que diezmarían a la humanidad hasta su posible extinción. Malthus calculó que tendría lugar sobre el año 1880. Por suerte o por desgracia, calculó mal. El siglo XIX trajo revoluciones políticas, sociales y económicas, grandes movimientos migratorios y la Revolución Industrial. La población mundial se duplicó, pero el apocalipsis no llegó.

Pese a haberse equivocado, el ensayo de Malthus sigue siendo uno de los textos más influyentes de la historia. Charles Darwin reconoció el fuerte influjo de este brutal planteamiento en *El origen de las especies*, especialmente en «la lucha por sobrevivir, donde las variaciones favorables tenderán a preservar y a favorecer a los que las poseen y los otros serán destruidos». Veinte años después de su apocalipsis fallido, empezó a resucitar en forma de movimiento eugenésico, con un despliegue de políticas sanitarias destinadas a la mejora de la raza. El primer número del *Economic Journal* que dirigió su admirador J.M. Keynes incluía un artículo titulado «The Increase of Population in Germany», que empieza diciendo: «Lejos de haber caído en el olvido durante todo este tiempo, el nombre de Robert Malthus aparece citado con creciente frecuencia en los debates contemporáneos puesto que, aunque estaba errado en ciertos aspectos, llamó la atención sobre problemas fundamentales». Empezaba la nueva etapa de la superpoblación como herramienta para justificar el control de la población.

En una fascinante entrevista de 1958, en el programa del legendario entrevistador estadounidense Mike Wallace, Aldous Huxley explica que existen dos fuerzas impersonales presionando hacia el lado de la no libertad. La primera de esas fuerzas es «la creciente presión de la superpoblación sobre los recursos existentes». Pese al escepticismo de Wallace, Huxley explica que aquellos países donde la población crece más rápido que la economía propiciarán un Gobierno central autoritario para mantener el orden y controlar los disturbios civiles. También aventura que lo más probable es que ese Gobierno autoritario sea comunista, a lo que Wallace responde ladinamente que la Iglesia será la mejor aliada del comunismo, gracias a sus políticas de control de la natalidad. El filósofo concede que son tiempos tan extraños que hasta esa extraordinaria paradoja puede ser verdad. La segunda fuerza, según Huxley, es la sobreorganización, porque las tecnologías de gestión «son instrumentos para la obtención del poder, y la pasión por el poder es una de las más poderosas para el ser humano». Y la razón de ser de Silicon Valley.

El año en que se emitió la entrevista, la población mundial rozaba los 2.900 millones de habitantes. Retrospectivamente parecen pocos, pero empezaban a ser conscientes de que la euforia demográfica que había estallado después de la guerra duraría bastante y tendría consecuencias. Y su preocupación estaba justificada, porque el número total de habitantes del planeta Tierra se triplicó entre 1950 y 2010. Tampoco iban desencaminados en lo político. Hoy más de un 50 por ciento de la población mundial se concentra en Asia, cuya principal potencia está controlada con mano de hierro por un Gobierno central totalitario, el Partido Comunista de China. Huxley sabía que, desde el principio de los tiempos, el caos de la superpoblación tiende a ser compensado por un agente totalitario. Alguien tiene que poner a los ruidosos humanos bajo control.

La amenaza maltusiana de la superpoblación sigue siendo una de las principales herramientas políticas para imponer medidas de corte totalitario, nacionalista y severo, especialmente cuando se experimenta como una invasión de cuerpos extraños. Tanto el naufragio permanente de inmigrantes en el estrecho como la crisis de los refugiados sirios o la caravana de centroamericanos que avanzaba hacia México en 2020 se retratan como plagas que infestan la tierra con la fuerza de su descendencia y la ensucian con sus virus, su miseria y su aterradora necesidad. Esta preocupación obsesiva con la fertilidad del migrante se manifiesta en campañas llenas de metáforas deshumanizantes que suelen preceder al genocidio, como demuestran los planes eugenésicos en Estados Unidos, Escandinavia y Alemania en la primera mitad del siglo XX. Es la misma premisa que justifica todas las tecnologías invasivas de control biométrico que se han instalado en nuestras fronteras, porque la única solución a las plagas es el exterminio y la higiene. Se materializa en los centros de detención de inmigrantes, donde se siguen practicando histerectomías forzosas a mujeres migrantes, como denunciaron las organizaciones Project South, Georgia Detention Watch y la Alianza Latina de Georgia por los Derechos Humanos durante la Administración Trump. Se sugiere en la desaparición inconsecuente de miles de niños migrantes bajo la custodia de autoridades fronterizas o campamentos de refugiados, rota muy de vez en cuando por la foto de un cadáver minúsculo encontrado en una playa. Hasta las burocracias más humanistas tratan de contener la «invasión» contratando los servicios de control migratorio de países menos escrupulosos, como hace Estados

Unidos con México y Europa con Marruecos, Turquía o Libia. Y funciona, porque nos hemos habituado a los miles de muertos, a los golpes de Estado, a la represión de ciudadanos en manifestaciones pacíficas, al asesinato de periodistas a manos de príncipes árabes. Nos hemos des-sensibilizado y los hemos deshumanizado gracias a la terapia de exposición.

Desde el punto de vista humanitario, la estrategia fronteriza es deficiente. La Organización Internacional para las Migraciones registró 4.470 muertes de personas en rutas migratorias en 2021, una cifra muy conservadora, pero que crece con respecto a las 4.236 del año anterior. Desde un punto de vista práctico, la eficiencia del sistema es menos que dudosa. Nos advierten constantemente de que la crisis de refugiados sirios fue un suspiro comparada con la que se avecina. El Banco Mundial calcula que en 2050 podría haber 216 millones de desplazados climáticos buscando un lugar donde vivir. Estas premisas solo funcionan para sostener un discurso de tipo ideológico, porque este sirve para justificar las políticas nacionalistas, las tecnologías invasivas, las detenciones ilegales, las histerectomías forzosas y las muertes en el mar. La prueba definitiva es que no tenemos por delante un problema de superpoblación. Más bien todo lo contrario.

Los humanos empiezan a desaparecer. Aunque la población siga subiendo, el ratio de crecimiento global es ahora la mitad de lo que era en 1968. Hace cincuenta años, cada mujer tenía una media de cinco hijos, mientras que ahora esa cifra se ha reducido a la mitad. Hay razones sociales que explican este descenso. La mortalidad infantil ha disminuido notablemente y la emancipación femenina, con el acceso cada vez más generalizado a la educación, los métodos anticonceptivos y el mercado laboral, ha hecho que las mujeres tengan menos hijos y los tengan más tarde. Por otra parte, el coste de la vida se ha disparado pero ya no toleramos el trabajo infantil, así que tener hijos se ha convertido en un lujo. Más interesante aún, el recuento de espermatozoides parece haber descendido mucho en los últimos años, hasta un 60 por ciento desde 1973, nadie sabe muy bien por qué. Irónicamente, nuestro racismo especista es otro factor de riesgo; la falta de variación genética es una gran vulnerabilidad.

No está claro que el recuento de espermatozoides sea un predictor de la fertilidad masculina y algunas de esas variables podrían cambiar, pero la suma de todos estos factores deja un titular alarmante para nuestra especie. Hay ya varios países donde las tasas de natalidad han caído por debajo de los índices de sustitución. Hablamos de estados y economías tan diferentes como Italia y Japón, cuya población envejece sin remedio. Les siguen de cerca las poblaciones en declive de Tailandia, Corea del Sur, España o Portugal. Los vectores de crecimiento global indican un pico demográfico a mediados de este siglo y luego un fuerte descenso. A finales de la centuria, la población mundial podría haberse reducido a la mitad. Esto sería una buena noticia si la causa del cambio climático fuese la superpoblación.

En su famoso libro *The Population Bomb*, publicado en 1968, el profesor Paul R. Ehrlich, de la Universidad de Stanford, advertía de que la batalla para alimentar a toda la humanidad había terminado debido a la superpoblación, y de que en las décadas inmediatamente siguientes (las de 1960 y 1970) «cientos de millones de personas morirán de hambre a pesar de cualquier programa de choque que pueda emprenderse ahora». El augurio le sobrevino dos años antes, en una profética visita a Nueva Delhi.

Era una noche calurosa y el taxi en el que iba con mi esposa y mi hija pasaba por un barrio muy pobre. El aire estaba lleno de humo y polvo. Las calles hervían de gente. Gente comiendo, lavando, durmiendo. Gente hablando, discutiendo, gritando, extendiendo sus manos hacia el taxi, pidiendo. Gente haciendo sus necesidades a la vista de todos. Gente colgada de los ómnibus. Gente cuidando animales. Gente, gente, gente, gente. Hasta entonces había sabido lo que podía ser la superpoblación. Esa noche lo sentí.

Sabemos exactamente lo que sintió porque nosotros también lo hemos sentido. Y, aunque no hayamos estado en una de las grandes ciudades de la India, reconocemos la escena porque la hemos visto cientos de veces en documentales, películas y reportajes. Nos es familiar. Sentimos que lo que dice es cierto. Y, sin embargo, en el momento de su visita, Nueva Delhi no llegaba a los tres millones de habitantes, que es muy poco si lo comparamos con los más de quince millones que tenía la ciudad de Nueva York. Para el profesor Ehrlich, un entomólogo especializado en mariposas, la superpoblación no estaba en el número de habitantes sino en el caos, el ruido y la suciedad de una ciudad extraña de gente pobre que no hablaba su idioma ni practicaba su religión. Gente *sucia*. Esa es la superpoblación que devora el planeta con voracidad de lepidóptero. Las cifras, sin embargo, muestran que los países más pobres son los que menos ensucian. Un estudio del Instituto Medioambiental de Estocolmo muestra que, entre 1990 y 2015, el 1 por ciento más rico del mundo produjo más del doble de las emisiones contaminantes que la mitad de la población total. La conducta es extrapolable a la especie en su conjunto. «El *Homo sapiens* secuestra entre el 25 y el 40 por ciento de la producción primaria neta del planeta —explica Henry Gee en una columna para la revista *Scientific American*—. Eso es toda la materia orgánica que las plantas crean a partir del aire, el agua y el sol».

La columna se titula «Los humanos están condenados a la extinción». Es corta, pero Gee enumera las numerosas señales que anuncian nuestra inevitable desaparición. No hoy ni mañana, sino en unos cientos de años. La última hace referencia a un documento publicado en *Nature*, la revista que Gee dirige, en el que aparece un oscuro concepto llamado «deuda de extinción».[13] Explica que el éxito demasiado rotundo del rey de la sabana podría habernos dejado en esa viñeta donde el Coyote sigue corriendo sin darse cuenta de que ya no hay tierra bajo sus pies, porque hemos ocupado todo el espacio de expansión disponible y ahora no tenemos adónde ir. «Es bien sabido que la destrucción de hábitats provoca extinciones —dice el *paper*—, pero nuestros resultados indican que un efecto inesperado de la destrucción del hábitat podría ser la extinción selectiva de sus mejores competidores». Como diría Lynn Margulis, tuvimos tanto éxito que nos hemos salido del tarro. El destino inevitable de las especies con exceso de éxito es la extinción.

Margulis despreciaba el drama de la extinción humana porque los *Homo sapiens* no le parecían interesantes, al igual que el resto de los mamíferos. Somos criaturas convencionales comparadas con los verdaderos amos del planeta, las bacterias, hongos y protistas que conforman la vida terrestre. De hecho nos consideraba estúpidos, porque hemos sido incapaces de comprender que la clave de la supervivencia no es la competencia sino la colaboración. «La vida es una unión simbiótica y cooperativa que permite triunfar a los que se asocian», decía Margulis. No solo entre ellas, sino con las demás especies. Pero nosotros vivimos en guerra con estas, de las ballenas a las bacterias pasando por los miembros más ruidosos de nuestra propia comunidad, a los que deshumanizamos para poder exterminarlos. Les tenemos miedo, y ese miedo es el trauma que da forma a todas nuestras herramientas, nuestros mitos y nuestra proyección de futuro. Nos sentimos colonos en el único lugar que tiene todo lo que nos hace falta para seguir viviendo: oxígeno, agua, alimento y luz. Hemos convertido nuestra biosfera en una externalidad. Por eso nos parece sensato agotar sus últimos recursos para expandirnos a otros planetas. Nos sentimos únicos y extraños en el mundo del que somos parte. No queremos ser naturaleza. No queremos ser animal.

El trauma está justificado. Hace cien mil años que el *Homo sapiens* lucha por sobrevivir contra todo lo que le hace daño, del frío a las bestias, pasando por los invisibles microbios capaces de matarnos violentamente. Es una lucha que no se acaba, como vino a recordarnos la pandemia que paralizó nuestras vidas a escala planetaria en 2020, con la certeza de que vendrán otras y que matarán a muchos más. Pero hemos sobrevivido y, en nuestra penosa transformación empujada por el terror y la astucia, hemos desarrollado superpoderes; somos más rápidos que el puma, más fuertes que el elefante, más duros que el armadillo, más feroces que el chacal. Primero, porque hemos externalizado y atomizado nuestro proceso evolutivo en forma de herramientas que nos permiten tener todo lo que tiene la competencia: garras, exoesqueleto, alas, supervelocidad. Segundo, porque hemos aprendido a comunicarnos para poder coordinarnos como un solo hombre. Nos contamos historias a nosotros mismos para poder cooperar.

Hemos conseguido externalizar la evolución del cerebro para muchas cosas, pero no para todas. Nuestras infraestructuras sociopolíticas son más difíciles de transformar que nuestras infraestructuras técnicas, porque están hechas de ideologías, historias basadas en arquetipos tan fuertemente arraigados que son difíciles de cambiar. Por eso es más fácil imaginar el fin del mundo que el fin del capitalismo; son fantasías que descansan en la idea del desastre como un acontecimiento y que rechazan el error, con su potencial implícito de aprendizaje y adaptación. La evolución emocional requiere poner conciencia a las estrategias mentales que nos han salvado en el pasado y reconocer que se han convertido en obstáculos. La tecnología puede ayudarnos a diagnosticar la patología en forma de cifras, recogiendo pruebas, haciendo comparativas, pero, como saben los terapeutas, entenderlo no basta. Crecer emocionalmente es una evolución más lenta porque requiere más conciencia que computación.

«La ideología del cambio tecnológico implica que las fuerzas del mercado han sustituido a las fuerzas de la historia. Esto no es así y nunca podrá serlo —explicaba la historiadora Rosalind Williams en su libro sobre la relación entre la ingeniería y la cultura contemporánea—.[14] El cambio histórico sucede cuando las emociones profundas de la gente son confrontadas por una crisis, cuando tienen que cuestionar sus costumbres y sus creencias, incluso las que más valoran, porque a veces los hábitos y las creencias ya no son sostenibles, por mucho valor que les demos». Pero cambiamos. Somos la especie más emocionalmente evolucionada del planeta, y cambiamos cada vez más deprisa. En los últimos ciento cincuenta años hemos matado a Dios, abolido la esclavitud, liberado a las mujeres y legalizado el matrimonio entre personas del mismo sexo. También hemos reconocido que la amenaza más grave contra nuestra existencia somos nosotros mismos. Queremos mejorar. Podemos hacerlo. Pero tenemos poco tiempo y estamos en una encrucijada; podemos tratar de restaurar el hábitat del que dependemos o huir del planeta humeante y empezar otra vez.

Son opciones muy distintas. No pueden confundirse. La opción A es lenta, difusa y colectiva; requiere coordinación, fe y paciencia, a escala no solo internacional sino también local, además de una reconstrucción masiva de las infraestructuras críticas y algunos sacrificios intergeneracionales. También requiere un cambio de identidad. Necesitamos aprender a habitar el mundo de forma más abierta, cooperativa y humilde. Aprender a escuchar. La opción B es rápida, heroica, espectacular e individual. Y es mucho más fácil, porque solo requiere una cuenta de Twitter para seguir las hazañas de dos multimillonarios con un despliegue de «me gusta» y retuits. No hace falta ni levantarse porque en el Arca solo van ellos, no tenemos que vestirnos ni salir del salón. Dice Daniel Kahneman que esa es precisamente la clase de decisión que los humanos tomamos mal.

Es difícil pensar en el cambio climático

En su libro *Don't Even Think About It. Why Our Brains are Wired to Ignore Climate Change*, George Marshall cuenta una conversación que mantuvo con el psicólogo israelí Daniel Kahneman sobre la crisis climática, donde le dice que es muy pesimista. Piensa que la humanidad está condenada porque es la clase de problema que no sabemos resolver. Kahneman recibió el Nobel de Economía sin ser economista, por «haber integrado aspectos de la investigación psicológica en la ciencia económica, especialmente en lo que respecta al juicio humano y la toma de decisiones bajo incertidumbre». Su investigación sobre los mecanismos de la intuición humana consiguió desmontar la premisa de que el mercado es un conjunto de agentes económicos que actúan de forma racional con el objetivo de conseguir el máximo beneficio. El trabajo que desarrolló durante años junto con Amos Tversky no solo demostró que somos irracionales cuando tomamos decisiones, sino que lo somos de manera predecible. Hay ciertos patrones en nuestra irracionalidad, que los dos psicólogos llamaron «sesgos cognitivos». Cuando dice que no somos capaces de pensar en el cambio climático, se refiere en esencia a tres problemas fundamentales.

Primero, es demasiado amorfo. Le faltan la clase de características que nos permiten prestar atención a algo, al menos lo bastante para tenerle miedo. No tiene bordes definidos ni fronteras que lo distingan en el mapa, ni está circunscrito a un lugar en el tiempo o en el espacio. No es exactamente una enfermedad. No se manifiesta de una sola forma, no tiene una sola causa ni una sola solución. Tampoco tiene un único culpable. No hay un enemigo al que podamos expulsar para que no siga haciendo daño. Sin algo concreto y cercano a lo que prestar atención de forma específica y definida, resulta difícil convertirlo en la clase de historia que nos inclina a la acción.

Segundo, luchar contra el cambio climático requiere asumir costes y sacrificios ahora para esquivar o mitigar pérdidas mucho más grandes pero futuras, y por lo tanto lejanas e inciertas. No está en nuestra naturaleza hacer esa clase de sacrificios. No porque seamos fundamentalmente egoístas, sino porque hemos evolucionado para resolver lo urgente a costa de lo importante.

Tercero, los detalles del cambio climático nos parecen inciertos y rebatibles, incluso cuando a un lado del debate está la Academia Nacional de las Ciencias y al otro un grupo de padres antivacunas arrancando antenas de 5G. «Por estas razones soy extremadamente escéptico acerca de que seamos capaces de enfrentarnos a la crisis climática —dice Kahneman—. Para movilizar a la gente, ha de ser algo emocional, debe tener inmediatez y prominencia. Una amenaza lejana, abstracta y discutible no posee las características necesarias para movilizar a la opinión pública». En otras palabras, al movimiento antivacunas le faltan sujeto, verbo y predicado, le faltan un héroe y un villano, le falta una solución. Le faltan todos los elementos que componen un relato arquetípico que nos permita hacerlo realidad. Es más fácil convertirlo en la leyenda de un desastre medioambiental y una tecnología que nos salva. Porque no tenemos que hacer nada ni sacrificar nada para que se cumpla, y las posibles pérdidas son lejanas, comparadas con la ventaja de no hacer nada ahora mismo.

Los sesgos no son exactamente irracionales. Son parte del kit de supervivencia que nos ha protegido hasta hoy. Pero, fuera del contexto del trauma que los hizo necesarios, se manifiestan como irracionales. Por ejemplo, somos mucho más sensibles a las pérdidas que a las ganancias. Según las investigaciones de Tversky y Kahneman, una pérdida nos causa dos veces y media más dolor que el placer experimentado por una ganancia equivalente.[15] Si, encima, la pérdida es inmediata y la ganancia es lejana, el efecto se magnifica a causa del «descuento temporal hiperbólico», otro sesgo que convierte lo que nos pasa ahora mismo en algo mucho más importante que lo que nos pueda ocurrir mañana. Esta combinación se manifiesta cada día de nuestras vidas de maneras banales y también peligrosas. Por eso nos cuesta tanto renunciar al último trozo de pizza aunque ello nos reviente la dieta de todo un mes, incluso cuando la consecuencia es astronómica en comparación con el placer inmediato. Por eso nos cuesta renunciar a una copa antes de conducir.

Según el informe de 2019, la mitad de los conductores fallecidos en accidentes de tráfico sometidos a autopsia en España habían consumido alcohol, drogas y/o psicofármacos antes de ponerse al volante. Aunque no podemos preguntárselo, es improbable que pensaran que tomarse la última copa era más importante que morir, que matar a alguien de camino a casa o al menos que pagar una multa en un control de seguridad. El sesgo no hizo que cambiaran sus valores, sino que calcularan mal las posibilidades. Por eso Kahneman es tan pesimista. Si no podemos dejar de matarnos con el coche ni de comer alimentos que nos hacen sentir mal, qué esperanza hay de que cientos de millones de personas dejen de ir en coche, de comer carne o de coger aviones solo para fotografiar unas ruinas o comer paella mirando el mar. Finalmente, otra de nuestras características a la hora de tomar decisiones es que tendemos a favorecer, buscar, interpretar y recordar la información que nos hace la vida más fácil porque confirma nuestras creencias, justifica nuestros prejuicios y perdona nuestros pecados. Dejar de comer carne o de coger aviones no es solo un sacrificio que hacemos sin estar realmente seguros de que ayude a salvar el mundo. También les abre la puerta a las dos emociones más tóxicas del repertorio humano, la vergüenza y la culpa. Esa es nuestra principal vulnerabilidad.

La huella de carbono: una campaña de desinformación viral

Todo el mundo entiende el concepto de «huella de carbono». Es nuestra contribución personal a la crisis climática, el acumulado de nuestras bolsas y botellas de plástico, de nuestros kilómetros de gasolina, de nuestros chuletones y manzanas importadas, de los pañales desechables, de nuestras vacaciones en avión. Lo que no sabe todo el mundo es que fue un invento de British Petroleum, la segunda petrolera no estatal más grande del mundo, para reconducir el relato de la crisis climática. A principios de la década de 2000, BP contrató a Ogilvy & Mather para quitarle protagonismo a su contribución, distribuyéndola equitativamente entre toda la población. Tras una exitosa campaña reasignando responsabilidades, lanzaron la primera calculadora de huella de carbono en 2004. Funcionó enseguida porque ofrecía sujeto, verbo y predicado, además de un héroe y un villano: tú. También una solución que no solo protegía a las petroleras de las consecuencias de su avaricia, sino que fue recibida con natural entusiasmo por el mercado de consumo, porque afianza el eterno ciclo capitalista de vender remedios para los síntomas de su propia enfermedad. Si quieres reducir tu huella de carbono, lo que tienes que hacer es comprar más cosas: plásticos reciclables, productos de comercio justo, cambiar la lata de Coca-Cola por kombucha en botella acristalada, abrazar el coche eléctrico y someterte a las complejas implementaciones de reciclado de basura que tantas satisfacciones ha dado a la mafia desde los tiempos de Lucky Luciano. Si quieres saber más cosas, puedes leer los artículos en los periódicos donde se anuncian las petroleras. También puedes buscar en Google, donde las industrias fósiles pagan por seleccionar los artículos que lees. Descubrirás que solo hay una manera de que tu huella de carbono sea cero: estar muerto. Si comes, bebes, caminas y respiras, entonces eres tan culpable como BP. La culpa se convertirá en vergüenza, y la vergüenza es el mejor repelente contra el activismo medioambiental.

La culpa gira en torno a un comportamiento. Dice: has hecho algo mal. Pero puede ser constructiva porque, cuando lo corriges, hacerlo produce satisfacción. La vergüenza es lo que sientes cuando haces algo mal y no puedes dejar de hacerlo. Y es destructiva porque convierte ese comportamiento en un defecto. Lo malo ya no es algo que has hecho, lo malo eres tú. El capitalismo se ha especializado en generar patrones de conducta que favorecen el consumo compulsivo de sus productos, compitiendo de forma deshonesta con las alternativas y secuestrando la decisión del consumidor. Es difícil elegir lo correcto cuando la opción medioambientalmente sensible es un artículo de lujo. Por ejemplo, el litro de agua con un 3 por ciento de avena, almendras o avellanas que cuesta cuatro veces más que un litro de leche de vaca sin tener que alojar, alimentar y acondicionar a un animal de trescientos kilos. Pero es tu decisión. Si compras la comida procesada barata del supermercado abierto veinticuatro horas en lugar de la comida orgánica, fresca e hiperlocal que vende el mercado que solo abre cuando estás en la oficina y donde todo cuesta tres veces más, es decisión tuya. El problema eres tú.

La culpa es social, nos permite identificar comportamientos inapropiados y corregirlos para ser mejores para los demás. La vergüenza es secreta, individualista y patológica, porque no incentiva a corregir el comportamiento sino a protegerlo, ocultarlo o defenderlo. Incluso si haces el esfuerzo de dejar de consumir carbohidratos, de vestir ropa hecha por esclavos, de comer carne de macrogranjas o de coger aviones, tienes que seguir comiendo, vistiéndote, trabajando y respirando. Eres tú quien contamina el planeta, y tu anestesia es seguir comiendo dulces, comprando gangas, cogiendo aviones y viendo series en Netflix. La vida es demasiado difícil como para encima renunciar a las únicas cosas que te hacen sentir bien. Convertimos la vergüenza en un nihilismo que nos impide cambiar o dejar que cambien los demás. Entramos en un estado de disonancia cognitiva, la náusea mental que te sobreviene cuando intentas conciliar dos creencias antagónicas al mismo tiempo. Por eso sentimos la necesidad de invalidar al vegetariano con lugares comunes sobre la carencia de proteínas, la estupidez de los centollos o el sufrimiento de las lechugas: para resolver la disonancia sin admitir que somos lo peor.

El psicólogo Leon Festinger acuñó el concepto de «disonancia cognitiva» mientras estudiaba el comportamiento de los miembros de una secta de arrebatados que esperaban un diluvio que arrasaría la Tierra el 21 de diciembre de 1954. Todos morirían salvo los miembros de la secta, que serían recogidos a las cuatro de la tarde del día 17 por un platillo volante. Festinger observó que, cuando el platillo les dio el primer plantón, no todo el mundo despertó de la ensoñación. Los miembros menos comprometidos de la secta decidieron que todo había sido un despropósito y se fueron a su casa. Pero los miembros más prominentes del grupo empezaron a reinterpretar las «señales» y a recalibrar el advenimiento del ovni para poder reconciliar sus creencias con la evidencia incontestable del plantón. Primero, el platillo no llegaba porque no estaban preparados para dar el salto. Después, porque algunos miembros llevaban encima piezas de metal. Finalmente, no hubo inundación porque la fe de la secta había salvado a la humanidad o, al menos, había retrasado el castigo. «Un hombre convencido es difícil de cambiar —escribió en el prólogo de su libro, *When Prophecy Fails*, publicado en enero de 1956—, pero quizá duela menos tolerar la disonancia que descartar una creencia y admitir que estábamos en un error». Otra fuente de disonancia permanente, independiente de nuestras contradicciones internas, es vivir una realidad enloquecedora, dominada por la contradicción.

Como asimilar que centenares de jefes de Estado y otros mandatarios y líderes viajan en jets privados a los grandes congresos climáticos donde acuerdan estrategias —que nadie cumple— para mantener el aumento de la temperatura global por debajo de los dos grados centígrados. Como conciliar un mundo en el que las empresas más contaminantes son premiadas y protegidas por las mismas instituciones que deberían fiscalizarlas, donde las multinacionales ejercen un poder desprovisto de responsabilidades y aquellos que toman las decisiones que más afectan al planeta están protegidos de sus consecuencias. «Es mi primera vez en Davos y tengo que decir que está siendo una experiencia desconcertante —comentaba el joven historiador holandés Rutger Bregman en un panel del Foro Económico Mundial en 2019—. Han llegado mil quinientos jets privados para ver a David Attenborough hablar de cómo estamos destruyendo el planeta. Escucho a la gente hablar de participación y justicia, igualdad y transparencia, pero nadie habla del verdadero problema, que es la evasión de impuestos. Que los ricos no pagan su contribución. Me siento como un bombero en un congreso de bomberos en el que no está permitido decir la palabra "agua"». Su intervención se hizo inmediatamente viral, no porque desvelara algo que no supiese todo el mundo sino porque, al señalar la incongruencia, al menos pudimos reírnos colectivamente de la premisa del encuentro: que los líderes mundiales se reúnen todos los años en un *resort* del cantón de los Grisones suizo para buscar soluciones a las grandes crisis del mundo. «Podemos seguir hablando toda la vida de todas estas estrategias filantrópicas, podemos volver a invitar a Bono a que venga a hablar —terminó Bregman—. Pero lo que tenemos que hacer es hablar de impuestos. ¡Impuestos, impuestos, impuestos! Todo lo demás es basura, en mi opinión».

No solo es basura. Es la clase de basura que nos envenena, porque nos hace sentir tan estúpidos ante la magnitud de la estafa que altera nuestra capacidad de tomar decisiones coherentes o al menos compatibles con nuestros principios. ¿De qué vale que yo deje de coger el coche, de comprar pañales desechables o de comer salchichas? ¿Por qué tengo que ser yo el pringado que coge trenes cuando la gente que más daño hace sigue viajando en jet?

La disonancia cognitiva que produce la posibilidad de nuestro sacrificio contra su despilfarro nos hace sentir tan estúpidos que preferimos convertirnos en cínicos antes que caer en el bochorno de la ridiculez. Como decía Karl Marx, los cínicos no nacen, se hacen. Son los que se ocupan de que nada cambie, la policía del *statu quo*. Los medios de comunicación confirman el sinsentido con una dieta de shock permanente en la que se mezclan los ataques terroristas y las crisis financieras con los tsunamis, terremotos e inundaciones, los vertidos en el golfo de México con las erupciones volcánicas, los incendios forestales con las manifestaciones a favor de la independencia de Hong Kong o contra la represión en Chile, el primer millón de muertes por la pandemia con el asesinato televisado de George Floyd. Kahneman tiene motivos para ser pesimista. Es muy difícil pensar en el cambio climático sin sentir vergüenza, sin sentirse estúpido, sin sentirse impotente y sin caer en la depresión. Muchos especialistas describen el momento presente como la tormenta perfecta para un estado de parálisis grupal. Incluso los más concienciados eligen la vía del escapismo, huyendo al pueblo para volver a una vida más sencilla, de plantar cosas y cocinar despacio. Abandonar la rueda no la detiene, sino que significa abandonar la lucha contra la desinformación y el capitalismo caníbal. No tenemos tiempo para eso. Como dice Cesare Pavese, la única manera de escapar del abismo es contemplarlo, medirlo, sondearlo y descender a él.

En *The Triumph of Human Empire. Verne, Morris, and Stevenson at the End of the World*, Rosalind Williams estudia tres visiones de la primera Revolución Industrial en las que ya se configura la visión apocalíptica de un mundo moderno compuesto de tecnología, medioambiente y globalización. Está el capitán Nemo de *Veinte mil leguas de viaje submarino*, un explorador libertario que huye del régimen imperialista que ha acabado con su familia a bordo de un artilugio subacuático propulsado por electricidad para conquistar tierras ignotas y empezar de nuevo. Su paradoja es que el precio de la libertad es vivir prisionero de su arca, dependiente de la tecnología, en eterna lucha contra los elementos y los monstruos marinos. William Morris, el prerrafaelita, huye de la ciudad y de la industrialización para abrazar las formas de vida naturales y la producción artesana que están siendo sustituidas por la máquina de vapor. Su rechazo a la mecanización le lleva a adoptar la nostalgia nacionalista de las sagas escandinavas, de mundos más sencillos y nobles de familias que plantaban árboles y los veían crecer. Robert Louis Stevenson acaba su vida en Samoa, odiando la civilización que progresa destruyendo a los indígenas que él ama, que solo existen como fuente de extracción de valor. La paradoja en este caso es que la misma tecnología que hizo posible su descubrimiento y su cariño es la que lleva a los extractores hasta allí. El fin de su mundo fue el principio del nuestro, y el fin del nuestro es consecuencia del capitalismo extractivo que los tres denunciaron. Podemos colonizar nuevos mundos y extraer nuevos materiales para construir nuevos submarinos que nos atrapen en lugares nuevos donde empezar de nuevo. Podemos recrear nuestro propio nacionalismo burbuja colonizando pueblos abandonados para jugar a nuestra propia fantasía feudal. Son distracciones que nos ayudan a abrazar el precipicio sin mirarlo. Hay una última opción.

Tenemos tecnologías para contemplar este abismo. Tenemos una capa de sensores, antenas, observatorios, satélites y algoritmos capaces de medirlo y sondearlo en tiempo real. Tenemos instituciones capaces de coordinarlas para que trabajen de forma conjunta con el objetivo de salvar a la especie humana, en lugar de competir por conquistar nuevos mundos para empezar una nueva era de extracción. Podemos distinguirlas de las plataformas extractivas y colonialistas que no están diseñadas para ayudarnos a mitigar la crisis, sino para gestionarnos durante las crisis, antes de sustituirnos por una mano de obra que no enferme, ni se canse ni comprenda la injusticia o sueñe con la revolución. Conocemos la diferencia entre una infraestructura pública y una privada; es la misma que existe entre un recurso y una explotación. Cambian los incentivos, los objetivos y los resultados. Necesitamos convertirnos en infraestructuras públicas para poder marcar objetivos, crear incentivos que nos favorezcan, monitorizar los avances y protegernos unos a otros de los ataques y la explotación. Y necesitamos abrazar la tarea con la esperanza de que enfrentarnos juntos a esta crisis nos ayudará a vivir mejor que ahora. Esto es especialmente importante porque todo indica que las cosas van a empeorar mucho antes de mejorar.

Incluso si todos cumplimos los buenos propósitos del Acuerdo de París y reducimos radicalmente nuestras emisiones, tenemos garantizado llegar a los 1,5 °C de temperatura por encima de la era preindustrial. Los llamativos desastres que marcaron 2021 son la foto de las emisiones de hace dos décadas. La factura de las emisiones actuales vendrá después. De la misma forma, los cambios radicales que debemos afrontar para ralentizar el calentamiento global no mostrarán sus efectos hasta mucho más tarde. Necesitamos encontrar satisfacción y consuelo fuera de la máquina capitalista de la satisfacción inmediata, porque la alternativa es seguir como hasta ahora y llegar a los 4,5 °C. Y necesitamos tener esperanza. No la convicción de que todo saldrá bien, sino la certeza de que tiene sentido intentarlo, independientemente de cómo resulte. Por eso es crucial que empecemos a separar los relatos oportunistas del feudalismo climático de las ideas, experiencias, condiciones, tecnologías y protocolos que van a ayudarnos a ejecutar ese plan.

2

Máquinas

Geoingeniería: el bueno, el feo y el malo

En *El Ministerio del Futuro*, la novela que Kim Stanley Robinson publicó a finales de 2020, una combinación de calor y humedad mata a veinte millones de personas en una región de India en menos de una semana. Mueren cocinados por dentro, porque la humedad no deja sudar. El límite de temperatura que podemos tolerar depende de nuestra temperatura interna, y esta se gestiona sudando. Al evaporarse, el sudor dispersa nuestro calor interno y nos refresca. Pero, para que el sudor se evapore, hace falta que se encuentre en un medio que no sea más caliente y húmedo que sí mismo. Ese límite es de 35 °C en un termómetro a la sombra envuelto en un paño mojado bajo una corriente de aire. El nombre oficial es *wet-bulb temperature* o WBT, una temperatura superior a la del cuerpo (38,9 °C) y una humedad del 77 por ciento. Un baño turco a temperatura de sauna, en que el cuerpo humano pierde la capacidad de regular su temperatura interna y se cocina por dentro, aunque beba agua sentado a la sombra y delante de un ventilador.

Cuando le preguntan por qué decidió empezar la novela con una escena tan aterradora, Robinson responde que le horroriza que suceda aunque, técnicamente, la WBT ha tenido ya lugar. En ciudades de los Emiratos, Arabia Saudí, India y Pakistán. También ha sido registrada en varios puntos de México y Venezuela, pero no ha matado a millones de personas todavía. Los modelos dicen que muchas de las zonas más pobladas del mundo van a experimentar esa clase de temperatura húmeda en los próximos sesenta años, causando millones de muertos. Probablemente no haga falta esperar tanto. La inspiración para la novela fue una ola de calor que sacudió al estado indio de Andhra Pradesh en junio de 2015, matando a miles de personas. Antes de esa, la ola de calor de Chicago de 1995 acabó con la vida de casi mil personas, dejó sin luz a 49.000 familias y sembró el caos en la ciudad. Ninguna superó los treinta grados de temperatura de bulbo húmedo.

En julio de 2021, una tromba de agua desbordó ríos y arrasó casas, terminando con la vida de cientos de personas en Alemania. En un solo día, casi medio millón de alemanes se quedaron sin suministro eléctrico, sin carreteras, sin comunicaciones y sin ferrocarril. Pocos días más tarde, la ciudad china de Zhengzhou sufrió una tormenta tan fuerte que, en menos de una hora, había inundado la línea 5 del metro, matando a docenas de personas. Tres días más tarde, una ola de calor recorrió el oeste de América del Norte, dejando cientos de fallecidos por muerte súbita. Ese verano, los incendios forestales de California, España y Siberia emitieron 1.760 megatoneladas de carbono en la atmósfera. Según el servicio de cambio climático de Copernicus, 2021 fue uno de los años más calurosos jamás registrados, pero hace un tiempo que cada año lo es. «Cada año durante el resto de tu vida va a ser el año más caluroso jamás registrado —comentó el profesor de ciencias atmosféricas Andrew Dessler, de la Universidad de Texas—. Eso significa que 2021 será uno de los más fríos de este siglo. Disfrútalo mientras dura».

En junio de 2021, el Organismo Nacional de Administración Oceánica y Atmosférica (NOAA) de Estados Unidos anunció que la concentración de CO_2 en la atmósfera había batido un nuevo récord. Esta cantidad se mide en partes por millón (ppm).[1] Cuando empezó a registrarse en 1958, durante el primer Año Geofísico Internacional, marcó 315 ppm, pero sabemos que antes de la Revolución Industrial la cantidad era de 280 ppm. Ese es nuestro punto de referencia. Fue David Keeling, el químico que había conseguido registrar la molécula de CO_2 en el Observatorio de Mauna Loa, en Hawái, quien descubrió que la suma crecía constantemente y que la acumulación atmosférica de esos gases provocaba un efecto invernadero que incrementaba la temperatura global. Por eso se llama «curva de Keeling», y cada vez sube más rápido.

En mayo de 2021, el Observatorio de Mauna Loa registró un máximo de concentración histórica de 421,21 ppm. El NOAA explicó que la última vez que había habido tanto CO_2 en la atmósfera había sido en el Óptimo Climático del Plioceno Medio, hace tres millones y medio de años. Entonces la temperatura era de 2-3 °C por encima de la que había en la era preindustrial y el nivel del mar era entre quince y veinticinco metros superior. El dato llamaba especialmente la atención en el contexto de la pandemia, cuya estrategia inicial de contención había reducido drásticamente el transporte aéreo y la actividad industrial.

Los gobiernos y las industrias contaminantes se comprometen desde hace años a cumplir objetivos para no superar el límite de 1,5-2 °C. Nunca son vinculantes, lo que significa que pueden prometerlos sin cumplirlos y sin que haya más consecuencias que un poco de indignación general y la aceleración del proceso de destrucción planetaria. De hecho, el Informe sobre la Brecha de Producción del Instituto Medioambiental de Estocolmo, que analiza la discrepancia entre los compromisos gubernamentales y sus planes de inversiones, demuestra que ni siquiera lo están intentando. Para hacerlo, tendríamos que reducir la producción de energía con combustibles fósiles un 6 por ciento cada año durante la próxima década. Los gobiernos proyectan aumentarlo un 2 por ciento anual.

Nuestro presupuesto colectivo de CO_2 hasta 2040 es de un total de quince gigatones, pero, según los planes estatales, vamos a emitir un total de cuarenta gigatones anuales, que vendrían a sumarse al resto de los gases de efecto invernadero que ya están aparcados en la estratosfera. El Informe sobre la Brecha de Emisiones de la ONU concluye que la suma de decisiones de los gobiernos a escala mundial nos conduce a un aumento de 2,7 °C en lo que queda de siglo. Hay proyecciones que sitúan esa cifra por encima de los 4 °C. Cualquiera de las dos es una sentencia de muerte; solo varían en la velocidad de la ejecución. La cumbre del clima empieza a parecer un consorcio de alcohólicos bien vestidos que juran dejar la bebida pidiendo copas en un bar con botellas suficientes para ahogar los próximos veinte años de su vida. La verdad es que somos adictos a los combustibles fósiles. Hace falta más que voluntad.

En este momento, los combustibles fósiles suponen el 84 por ciento de nuestras fuentes de energía. Los usamos para trabajar, para resguardarnos de los elementos, para viajar y fabricar cosas, para cocinar y conservar lo cocinado, para operar caderas y entretener a las masas. Pero también para vestirnos, empaquetar comida y medicamentos, para construir carreteras, computadoras e instrumentos de precisión. Todos los aspectos de nuestra vida están tocados por los combustibles fósiles. Hay otras energías más sostenibles, pero los siguen muy de lejos, como la energía hidráulica (6,4 por ciento), las renovables (eólica, solar y biodiésel, 5 por ciento) y la nuclear (4,3 por ciento). Y tenemos mil millones de personas viviendo sin electricidad, sobre todo en zonas rurales, que no han contribuido a la crisis climática. Sería moralmente inaceptable exigir que paguen por ella, renunciando a las infraestructuras que tanto mejoraron la calidad de vida de otras personas en países más desarrollados. Al mismo tiempo, una parte considerable de esa población vive en países con grandes reservas petrolíferas, con petroleras nacionales que se dedican a la exportación, como los Emiratos, Brasil o Nigeria. No podemos prohibir que quemen sus propios combustibles fósiles para calentar a su población. Pero los países que más han contribuido —y más siguen contribuyendo— a la crisis climática no sienten la responsabilidad de reducir sus emisiones si no lo hacen todos los demás. Todo eso es un problema. Pero hay otro todavía peor.

La temperatura media mundial lleva aumentando una media de 0,2 °C por década desde los años setenta. La mayoría de los modelos predicen que seguirá creciendo durante al menos dos décadas, incluso si todos los países hacen todo lo que está en su mano para mantenerse por debajo de los 1,5 °C. Para conseguirlo, los partidos ahora en el Gobierno tendrían que imponer medidas drásticas y probablemente impopulares sobre una población cada vez más polarizada y furiosa sin la esperanza de ser recompensados con resultados visibles a corto plazo. Tendrían que asumir el coste político de hacer lo que es necesario sabiendo que, durante bastante tiempo, todo irá a peor. Incluso si todo el mundo cumpliese con los objetivos, el indicador principal de que el esfuerzo ha funcionado podría no ser más que una ralentización del aumento de la temperatura. A pesar del empeño, las olas de calor serán más largas y los incendios forestales más devastadores, el nivel del mar subirá más rápido y se acelerará la sexta extinción. No hace falta ser futurólogo para prever que el oportunismo político sabrá capitalizar esa realidad desafortunada con campañas que declaren su ineficacia y destruyan el plan.

Afrontar una cadena causa-efecto tan larga requiere políticos capaces de hacer lo que es necesario, en ambos extremos del espectro ideológico. Visionarios con verdadera voluntad de servicio público y un sentido histórico de la responsabilidad. Líderes capaces de atravesar la espesa niebla de individualismo, miedo y partidismo que domina el ecosistema político con un proyecto a largo plazo que motive a la población hacia una década de esfuerzo colectivo, con la ciencia como única certidumbre y el futuro como única recompensa. Como decía Kahneman, esto no se nos da bien. Y no refleja a la clase política que tenemos en este momento. La que tenemos parece haber decidido que podemos seguir emitiendo cantidades astronómicas de CO_2 —y haciendo crecer la economía— porque pronto podremos eliminarlas mecánicamente con tecnologías de «descarbonización». Es el futuro que promocionan los oligopolios, los gigantes energéticos y las grandes tecnológicas porque requieren lo que ellos necesitan: más dinero público, más gasto energético y una cultura de la excepcionalidad que ofrece a las naciones desarrolladas una cierta ilusión de control. Una vez más, el capitalismo extractivo se presenta como la única solución a la enfermedad que produce. Aseguran que es demasiado tarde para todo lo demás.

Lo dicen la Agencia Internacional de la Energía, los departamentos de transición energética, las agencias meteorológicas y hasta el IPCC. Para mantener el calentamiento global por debajo de 1,5 °C antes de 2100 ya no basta con reducir las emisiones; también hay que disminuir parte de las que se han acumulado. Esto a menudo requiere una explicación. Muchos imaginan que los gases de efecto invernadero se disipan, como el humo del tabaco cuando paramos de fumar cigarrillos y abrimos para airear la habitación. Pero estos gases se parecen más a la basura: si no los saca nadie, se acumulan y no se van. Dentro de cien años, la mitad de los gases que hemos producido este año seguirán allí. Alguien tiene que sacarlos. La cantidad depende de lo mucho que hayamos reducido las nuevas emisiones. Esto no requiere de mecánica cuántica, basta con una calculadora. Si cumplimos los compromisos de París, esa cifra sería de unos cien gigatones, dos veces la cantidad que la humanidad produce en un año. Si seguimos al ritmo actual, la cuenta se dispara a mil gigatones; eso significaría retroceder veinte años de emisiones globales, solo para conservar el planeta como está hoy.

A los gobiernos les gustan los proyectos de geoingeniería porque son espectaculares, heroicos y rimbombantes, y exigen inversiones de dinero público en lugar de sacrificios políticos, además de prometer resultados visibles antes de la siguiente campaña electoral. A la población le gustan porque ofrecen optimismo sin sacrificio, entretenimiento sin responsabilidad. Son como los viajes a Marte, una historia de un desastre medioambiental y una tecnología que nos salva que se podrá seguir en Netflix, debatir en Twitter y memetizar en TikTok e Instagram sin renunciar a las botellas de plástico, los modelos de temporada, los aviones a la playa y el chuletón. Mejor todavía: están libres de culpa porque, si no funcionan, no puede ser culpa nuestra porque no hicimos nada. Para perder hay que jugar. Finalmente, si los países no cumplen los objetivos o los cálculos de la industria no son los correctos, siempre podemos inyectar un buen chorro de dióxido de azufre en la atmósfera para que sus partículas reflectantes nos protejan del sol. El problema es que no existe una tecnología lo suficientemente rentable, escalable y sostenible para hacer ninguna de las dos cosas.

EL ASPIRADOR DE PARTÍCULAS

La jerga que describe las tecnologías de captura y extracción de carbono es típicamente obtusa. La «captura» se refiere al proceso de atrapar el CO_2 en el momento y el lugar donde se está produciendo. Por ejemplo, en el momento en que sale de la chimenea de una fábrica o de una planta eléctrica. La «extracción» se refiere a aspirar el dióxido de carbono que ya se ha instalado en la atmósfera. En cualquiera de los casos, una vez capturado o extraído, el dióxido de carbono necesita ser utilizado o almacenado. Eso se llama «secuestro» de carbono, y el compromiso de conseguir economías de carbono cero, o de emisiones netas cero, implica seguir quemando una cantidad indeterminada de combustibles fósiles pero gestionando los gases que producen. Las tecnologías de captura, extracción y secuestro de carbono (CCS, por sus siglas en inglés) fueron las grandes protagonistas de la XXVI Conferencia de Naciones Unidas sobre el Cambio Climático, la tercera desde el Acuerdo de París y la última antes de la publicación de este libro, que tuvo lugar en Glasgow, Escocia, en noviembre de 2021.

La prioridad es capturar las emisiones de las centrales eléctricas. Han aumentado un 60 por ciento en las dos últimas décadas,[2] y el IPCC observa ya en su informe de 2014 que, si nadie hace nada, esa cifra se habrá doblado en 2050. La promesa implícita es que, si hubiese una tecnología capaz de contener la toxicidad del modelo energético desde el origen, entonces no haría falta cambiar tanto el modelo, independientemente de que se queme carbón, biomasa o gas natural. Es un fuerte incentivo para la industria, que, como la alimentaria, puede vender obesidad y *wellness* al mismo tiempo mientras asegura que el poder es del consumidor. Esta tecnología forma parte de los escenarios de contención de todos los informes gubernamentales, a pesar de que solo existe una instalación de captura y almacenamiento de carbono de este tipo a escala industrial, y no es precisamente un relato de éxito. Boundary Dam, la vieja central termoeléctrica de Saskatchewan, Canadá, es propiedad de la empresa pública SaskPower y tiene una capacidad instalada de 140 megavatios. En 2014 su director ejecutivo, Mike Monea, anunció que habían incorporado una tecnología capaz de capturar hasta un millón de toneladas, el 90 por ciento del CO_2 que la planta generaba cada año quemando carbón, y almacenarlo de manera permanente.

«El carbón está cogiendo mala fama en todo el mundo —explicó en la reunión anual de la Asociación de Carbón de Canadá—, así que en 2008 decidimos construir la primera planta de carbón limpia del mundo». Se gastaron mil quinientos millones de dólares, con un fuerte apoyo del Gobierno central, el regional y la Agencia Internacional de la Energía. Un millón de toneladas son 250.000 coches circulando durante un año. También tenían la esperanza de poder alargar la vida de la central unos treinta años más. Antes de dos años, SaskPower había demandado a SNC-Lavalin, la empresa de Montreal que diseñó la tecnología, y a AB Western, la empresa de Alberta que la construyó.

Las demandas eran secretas pero fueron filtradas a la prensa. Decían que la tecnología había costado el triple de lo que establecía el proyecto original y que tenía «serios problemas de diseño», porque funcionaba muy por debajo de la capacidad prometida. La empresa tenía contratos con clientes que contaban con el dióxido de carbono para sus procesos de «recuperación optimizada de petróleo», uno de los posibles usos «circulares» del CO_2, y los estaba incumpliendo sin remedio. En 2015, Sask-Power publicó un informe en el que admitía su equivocación en un texto lleno de extraños condicionales. «Cuando la planta fuera operativa, las condiciones económicas y técnicas del proyecto probablemente habrían cambiado, mostrando que quizá no había sido la mejor decisión, especialmente considerando el precio de los diferentes combustibles. Este era el caso de Boundary Dam».

En el mismo informe sugieren que habría sido mejor para todos cerrar la planta e invertir en energías renovables. En 2021 la planta no había superado la captura del 37 por ciento, menos de la mitad de la cantidad proyectada, y se enfrentaba a problemas técnicos que ponían en crisis su sostenibilidad, incluyendo apagones generales que no solo afectaban a la captura de carbono sino a su principal razón de ser. SaskPower ha cancelado los tres emprendimientos de captura de carbono que tenía proyectados argumentando que no le sale a cuenta, especialmente cuando está tan bajo el precio del gas natural.

En el interesante libro *Super Polluters*, el profesor de Sociología de la Universidad de Colorado Don Grant analiza la base de datos de emisiones de la industria energética, para descubrir que está fuertemente concentrada. Hay un puñado de centrales que producen una cantidad desproporcionada del volumen total, y están en China, Estados Unidos e India. No es sorprendente; son los tres países que más subvencionan los combustibles fósiles junto con la Unión Europea, un subsidio total de 5,3 billones de dólares anuales en todo el mundo, o el 6 por ciento del PIB global.*

Eso significa que una solución a escala, centrada en esos supercontaminadores, no solo sería deseable para sus países de origen, sino que tendría un impacto positivo muy considerable en el resto del mundo. No haría falta que *todas* las economías hicieran el esfuerzo. Bastaría con que lo hicieran tres. Otra ventaja de este tipo de captura es que facilita políticas de reparación por emisión de gases, porque permite cuantificarlas. A diferencia de los combustibles, los gases de efecto invernadero son partículas que se dispersan en el aire. La cantidad exacta es difícil de monitorizar, de pesar, de analizar. Es mucho más fácil medir el flujo de gas, electricidad o gasolina de un negocio y establecer un porcentaje apropiado de captura de emisiones que medir las emisiones mismas. Sería absolutamente deseable que las tecnologías de captura de carbono funcionaran bien. Pero de momento son caras y experimentales, no escalan lo suficiente y, con un mercado de emisiones que tiene a diez euros la tonelada de CO_2, no hay incentivos suficientes para que cambie. Al precio y la ineficacia de las tecnologías disponibles hay que añadir un tercer factor: producen más emisiones que las que capturan.

Es el caso de Scotford, la planta de mejoramiento de Shell que transforma betún de arenas bituminosas en crudo sintético para refinarlo en petróleo en Alberta, Canadá. En 2015, la tercera petrolera más grande del mundo anunció un proyecto de captura y almacenamiento de carbono llamado Quest, otra gran colaboración público-privada capaz de capturar un millón de

---

* Según datos del International Monetary Fund (*Global Fossil Fuel Subsidies Remain Large: An Update Based on Country-Level Estimates*).

toneladas de dióxido de carbono al año. Según una investigación de la ONG Global Witness, la planta habría sido capaz de capturar cinco millones de toneladas de CO_2 desde que empezó a funcionar en 2015, pero generando 7,5 millones de toneladas de gases de efecto invernadero en el proceso, lo que nos deja un saldo neto de 2,5 millones de toneladas, o 625.000 coches circulando durante un año sin parar. Hay unas veinticinco plantas de estas características en todo el planeta, operando con resultados insignificantes o directamente desconocidos. Incluso en el caso de que funcionaran, no sería suficiente. Aunque lo fuera, después vienen la construcción y los transportes.

Una Orca

Aunque descarbonicemos la energía, los barcos y los aviones, la fundición de acero y la producción de cemento seguirán quemando combustibles fósiles más allá de 2050. Desde que Joseph Aspdin lo patentó en 1824, el maleable y duradero conglomerado de rocas calcinadas con el que construimos casas, aceras, puentes y carreteras ha sido el material más utilizado de la historia del hombre. El proceso químico que usamos para calcinar sus ingredientes es responsable del 8 por ciento del total de los gases de efecto invernadero. A pesar de la proliferación de nuevos materiales y del resurgimiento de la madera en el sector de la construcción, el cemento sigue siendo el material más barato y duradero y su producción se ha multiplicado por cuatro desde los años noventa. China consumió más cemento entre 2011 y 2013 que Estados Unidos en todo el siglo XX. Es improbable que esto pare. Segunda en la jerarquía de soluciones tecnológicas para salvar el mundo está la llamada «captura directa», una operación que consiste en cobrar a terceros por succionar dióxido de carbono directamente del aire. La más grande se llama Orca, que significa «energía» en islandés.

Inaugurada en Hellisheiði en septiembre de 2021, Orca es la gran ballena blanca de su categoría, una colaboración entre la empresa suiza de captura directa Climeworks AG y la firma islandesa de almacenamiento de carbono Carbfix. Construirla ha costado quince millones de dólares y se asegura que puede atrapar unas cuatro mil toneladas métricas de dióxido de carbono por año. Incluso en el caso de que lo consiga sin producir nuevas emisiones —Orca usa la energía de una planta geotérmica local— es una cantidad ridícula, la misma de CO_2 que exhala cada tres segundos nuestra civilización. Para capturar los diez mil millones de toneladas anuales que necesitamos harían falta dos millones y medio de Orcas. Ese es el primero de los problemas. El segundo es que sale a unos ochocientos dólares por tonelada de CO_2, un precio que, de momento, solo son capaces de pagar empresas como Microsoft, la pasarela de pagos Stripe o Swiss Re, la mayor reaseguradora del mundo. Luego hay curiosidades. La banda de rock Coldplay contrató a Climeworks para cancelar parte de las emisiones de su última gira, Music of the Spheres. «Hemos pasado los últimos dos años consultando con expertos medioambientales para hacer que este *tour* sea lo más sostenible posible y seguir aprovechando el potencial de la gira para que las cosas avancen», dijo Coldplay en su comunicado. Explicaron que Orca engulliría la mitad de su huella, mientras que, para la otra mitad, han puesto fichas en proyectos de reforestación, regeneración de suelos, introducción de vida salvaje, carbono azul y restauración de praderas submarinas. «No lo conseguiremos a la primera, pero estamos comprometidos a hacer lo que podamos y compartir lo que aprendamos». Un ejemplo que seguir, sobre todo por las promotoras, pero con pocas posibilidades de llegar al *mainstream*. Es demasiado caro.

«Orca ha pasado de cero a uno —explica en una entrevista el doctor Julio Friedmann, investigador del Centro de Política Energética Global de la Universidad de Columbia—. Ahora sabemos que podemos hacer más Orcas. Imaginamos que los costes se reducirán, que su eficiencia crecerá, etc., pero lo que tenemos ahora es una sola unidad que captura cuatro mil toneladas de CO_2 del aire cada año».[3] Con la ayuda de sus primeros clientes, y el apoyo de instituciones y una importante cantidad de subsidios, Climeworks espera rebajar el precio a entre cien y doscientos dólares. Sería importante debatir cuánto dinero público podemos destinar a la factura de la captura directa para que las empresas más contaminantes puedan esquivar las multas sin dejar de contaminar.

Es posible —y deseable— que, invirtiendo la cantidad suficiente de dinero, tiempo e ingenieros, todo eso pueda resolverse. Rescatarnos «en el último minuto» es parte del drama de la tecnología que nos salva, del Arca de Noé a Iron Man. Colón salió de San Sebastián de La Gomera camino de Japón, pensando que lo separaban 3.860 kilómetros porque en *El libro de las maravillas* Marco Polo habla de una isla llamada Cipango que está «a mil quinientas millas apartada de la tierra en alta mar y [que] tiene oro en abundancia pero que nadie [quiere] explotar, porque no hay mercader ni extranjero que se haya llegado al interior». Por suerte para Colón (y por desgracia para millones de indígenas), en lugar de Japón se tropezó con América. El explorador encuentra siempre lo que no busca. No hay gloria sin dolor. Pero, incluso en el caso de que un genio inventase una máquina capaz de devolver la atmósfera a las 280 ppm de CO_2

que tenía en 1785, hay un problema irresoluble: la captura directa no detiene ni revierte la acidificación de los océanos.

Lo explicaba el biólogo marino Howard Dryden, jefe del Global Ocean Exploratory Survey, en la COP26: «Incluso si consiguiéramos la neutralidad de carbono en 2030, los niveles de acidificación seguirían subiendo hasta superar el pH 7,95, lo que matará a la mitad del océano». No sabemos exactamente lo que pasará si cruzamos esa línea, pero Dryden tiene algunas ideas. Para empezar, produciría una reacción en cadena que desintegraría las conchas del fitoplancton, al que llama «los verdaderos pulmones del planeta», porque capturan más CO_2 que todos los bosques juntos. Soñamos con ser rescatados por ingenios que contaminan más de lo que limpian, que cuestan más de lo que ahorran, que no están a la altura del problema y que no han funcionado nunca, pero nos escandalizan los antivacunas por su fanatismo e irracionalidad.

MIL ORCAS

Hay tecnologías naturales de captura de CO_2 que llevan funcionando sin cortes de suministro ni grandes interrupciones desde mucho antes de que nosotros llegáramos. Son tan sostenibles que funcionan exclusivamente con energía solar. Por un lado, el 30 por ciento de todo el CO_2 que producimos es absorbido por las capas superficiales del mar y secuestrado en las capas más profundas del océano. Por otro, las plantas capturan dióxido de carbono y cocinan con el agua y minerales del suelo para producir los azúcares que las alimentan, exhalando oxígeno en el proceso. Los animales que se comen a las plantas digieren los azúcares y liberan parte de ese CO_2 con el aliento, los gases y los excrementos, que a su vez alimentan a las plantas, que vuelven a almacenar el carbono. En este ciclo rápido, el secuestro de este último es relativamente inestable. El ciclo más largo ocurre cuando las plantas y los animales mueren y el material de descomposición resultante queda secuestrado en estratos más profundos de la tierra, en formatos más estables y permanentes. Durante millones de años, los bosques, las formaciones rocosas y los fondos marinos fueron guardándose los restos de plantas, animales, dinosaurios y monstruos marinos en forma de petróleo, carbón y gas. Yacían sin ser perturbados, hasta que llegamos nosotros.

En honor a la verdad, los humanos tardamos poco en descubrir la existencia de esas reservas y encontrarles utilidad. Dios manda a Noé impermeabilizar su arca con betún, algo bastante corriente. Pero no empezamos a explotarlas de forma industrializada hasta 1859, cuando el coronel Edwin Drake perforó su primer pozo en el valle de Oil Creek, en Pennsylvania, inaugurando la era de las petroleras. Como todas las leyendas lovecraftianas, taladrar en las profundidades suele abrir alguna puerta infernal. Tres décadas y miles de pozos más tarde, llegaron los motores de explosión y de combustión y un nuevo mundo emprendió el vuelo. Desde entonces, hemos ido quemando la cuerda por los dos extremos. Por un lado, hemos aprendido a extraer las reservas de carbono estables y quemarlas para romper sus moléculas y usar la energía resultante, llenando la atmósfera de metano, CO_2 y otros gases contaminantes. Por otro, hemos ido eliminando a los agentes de la captura y secuestro de CO_2.

Poco menos de media hectárea de bosque de secuoyas gigantes captura cuatro mil toneladas de CO_2. Son árboles autóctonos de California y los seres vivos más grandes y longevos del planeta, con una edad media de 500-700 años, aunque hay ejemplares de más de tres mil años todavía en circulación. También son enormes contenedores de biomasa. Crecen a gran velocidad (hasta tres metros al año) y son más baratos que una planta de captura y secuestro de CO_2, por no mencionar su eficacia comprobada a lo largo de los 240 millones de años que llevan en el negocio. Se estima que solo en los tres principales incendios que arrasaron California entre 2020 y 2021 desapareció casi el 20 por ciento de la población mundial de estos árboles, el equivalente a más de 260.687 orcas. A quince millones de dólares por Orca, cabe preguntarse si no valdría la pena invertir los cuatro billones de dólares equivalentes en proteger los bosques milenarios que quedan para que sigan haciendo su trabajo durante 240 millones de años más. O, al menos, dejarlos en mejores manos que las de la industria minera, petrolera, maderera o ganadera.

NUEVE MIL MILLONES DE ORCAS

«Los colonizadores robaron la tierra de los indígenas californianos, que sabían cómo vivir bien con la ecología y quemar vegetación en ciertos momentos del año para mantener sano el paisaje y mantenerse a salvo (de incendios) —explicaba Elizabeth Weil en un ensayo sobre la California postapocalíptica publicado en la revista de *The New York Times*—.[4] Después los colonos mataron a los nativos californianos con la ayuda del Gobierno. Ahora muy poca gente mantiene esas prácticas indígenas y no hemos devuelto la tierra a las tribus». De hecho, un grupo conservacionista llamado Save the Redwoods League compró un bosque de secuoyas de 211 hectáreas solo para ponerlo en manos del Consejo Intertribal de Vida Salvaje de

Sinkyone, que representa a las diez tribus que habitan la zona desde tiempos inmemoriales. El Andersonia West, un bloque de la Costa Perdida californiana encajado entre el Parque Estatal Sinkyone de Vida Salvaje y el bosque Usal en el condado de Mendocino, llevaba casi dos siglos en manos de una familia maderera. En cuanto obtuvieron la potestad legal sobre el territorio, empezaron por devolverlo a su nombre original, Tc'ih-Léh-Dûñ, o «Lugar donde corren los peces».

Las tribus creen que el daño sufrido por el bosque y el expolio padecido por sus ancestros forman parte de un trauma compartido que solo puede repararse de forma compartida con el resto de las especies del bosque, escuchándolo y aprendiendo a sanar con él. «El trauma intergeneracional significa que los humanos sufren el duelo y el dolor heredado de generaciones pasadas y les afecta profundamente —explicó Hawk Rosales, miembro de la tribu apache y exdirector del consejo de Sinkyone, durante la rueda de prensa—. La tierra no es diferente. Está compuesta de comunidades de organismos vivos que también han sido heridos y traumatizados. Si aprendemos a prestar atención, podremos entender mejor cómo la tierra experimenta el trauma y tener la compasión, la compresión y el respeto capaces de integrarse en nuestro modo de vida».

Los pueblos indígenas ofrecen un proyecto de reparación climática diferente al de los emprendedores de las tecnologías de captura y secuestro de CO_2. Es un proyecto simbiótico y no extractivo que vale por miles de Orcas y que, a diferencia de las nuevas soluciones técnicas, ha demostrado una gran eficacia y es perfectamente escalable. Según un informe elaborado por treinta expertos en conservación en colaboración con líderes indígenas y organizaciones de derechos humanos,[5] los pueblos indígenas del mundo ocupan por lo menos 3.800 millones de hectáreas en el planeta, aproximadamente la cuarta parte de la superficie terrestre. Son más de nueve mil millones de orcas que se resisten a la industrialización, pero que van perdiendo terreno año tras año por falta de legitimidad administrativa. José Gregorio Díaz Mirabal, portavoz de la Coordinadora de las Organizaciones Indígenas de la Cuenca Amazónica (COICA), explica en el informe que «gran parte de los territorios indígenas ya están concesionados a petroleras, mineras, sin respetar que ahí estamos los pueblos indígenas. Es por eso que la falta de titulación es una debilidad».

En las últimas décadas, esa debilidad ha facilitado la destrucción de los principales capturadores de CO_2 del planeta, las selvas tropicales. En los años noventa, las selvas del cuerno de África y el Amazonas eran capaces de secuestrar el 15-17 por ciento de las emisiones globales. Después de una década de incendios, explotaciones madereras y ganadería intensiva, su capacidad se ha reducido a un 6 por ciento. Los líderes sociales, ambientales e indígenas del Amazonas luchan a vida o muerte contra un bloque implacable de intereses económicos que, desde los acuerdos de reparación de tierras de la década de 2000, se impone a través de la violencia. En 2020 hubo 227 asesinatos de líderes ambientalistas que luchaban contra el expolio y la deforestación.

Un informe de la ONG Global Witness señala que los gobiernos no están protegiendo a los defensores ambientales, sino todo lo contrario; en muchos casos perpetran violencia contra ellos directamente y en otros podrían ser cómplices de empresas. «La agroindustria y el petróleo, el gas y la minería aparecen como los principales detonantes de los ataques contra personas defensoras de la tierra y el medioambiente —explicaba Rachel Cox, jefa de campañas de la ONG, en la presentación del informe—. Al mismo tiempo, son las industrias que propician el cambio climático a través de la deforestación y el aumento de las emisiones de carbono». La investigación, que recoge datos desde 2012, indica que las industrias que están causando la crisis climática y los ataques contra defensores ambientales en connivencia con los gobiernos locales son las de extracción de madera (23), construcción de represas (20), agroindustria (17) y minería (17). «La exigencia de tener las mayores ganancias [...] al menor costo posible parece traducirse con el tiempo en la idea de que quienes obstaculizan el proyecto deben desaparecer», anota el ambientalista estadounidense Bill McKibben, líder del proyecto 350.org.

Los gobiernos populistas han demostrado una fuerte propensión a la violencia y a la destrucción del hábitat, con especial incidencia en Colombia, México y Brasil. Desde que Jair Bolsonaro llegó al poder en 2019, la deforestación en la región amazónica de Brasil ha aumentado un 30 por ciento, gracias a una combinación de incendios, tala masiva, explotación agropecuaria y minería invasiva. «Usamos los minerales como gran palanca para el desarrollo económico», dice Silas Câmara, diputado y presidente de la Comisión de Energía y Minería. Según el Observatorio de Conflictos Mineros en América Latina, se han abierto miles de explotaciones ilegales en territorios indígenas que emplean técnicas metalúrgicas basadas en químicos como el cianuro, tan peligroso que está prohibido en varios países de Europa por su toxicidad para el suelo y los recursos hídricos. Pero el verdadero protagonista de la deforestación amazónica es la carne.

Brasil es el mayor exportador de carne de vacuno del mundo. Tanto Amnistía Internacional como Greenpeace han denunciado en repetidas ocasiones que la destrucción de la selva forma parte de un proceso delictivo que comienza con la ocupación ilegal de tierras —muchas de ellas en reservas indígenas— que luego son taladas y quemadas para ser pasto del ganado. Asimismo, Brasil es el principal exportador de soja, el producto que alimenta a las explotaciones de ganadería intensiva de todo el mundo. La soja no solo se traga la selva a velocidades nunca vistas, desplazando a las poblaciones indígenas con un monocultivo que aniquila su biodiversidad. También requiere grandes cantidades de energía e infraestructuras para su transporte y explotación, convirtiéndola en una de las grandes fuentes de CO_2. En 2020, la Universidad de Bonn calculó la cantidad de CO_2 emitido por tonelada de soja brasileña en la cadena de suministro, y descubrió que llega a contaminar doscientas veces más que el resto de las exportaciones.[6] Aunque tiene múltiples aplicaciones, más del 90 por ciento de toda esa soja se utiliza exclusivamente para alimentar ganado, que al digerirla produce una gran cantidad de metano, un gas que atrapa 86 veces más calor en la atmósfera que el CO_2. Nuestro apetito insaciable por la fibra muscular de otras especies está a punto de convertir los mayores sumideros de carbono del planeta en máquinas de producir gas. De hecho, un análisis pionero de más de treinta científicos[7] publicado en marzo de 2021 sugiere que algunas partes del Amazonas podrían estar liberando ya más carbono que el que almacenan. «Tenemos un sistema del que hemos dependido para contrarrestar nuestros errores —explicaba en la revista *National Geographic* Fiona Soper, coautora y profesora adjunta de la Universidad McGill—, y hemos superado con creces su capacidad de proporcionar un servicio fiable». Soñamos con Orcas mecánicas mientras dejamos morir a las de verdad.

PLANTAR, REFORESTAR, RESTAURAR

Curiosamente, el poder descuida la conservación de los grandes bosques y selvas tropicales, pero abundan las iniciativas de reforestación. La más famosa es la Gran Muralla Verde de África, un proyecto para plantar cien millones de hectáreas de árboles a lo largo del Sahel, un espacio de transición entre el desierto del Sáhara en el norte y la estepa sudanesa en el sur que cruza el continente de lado a lado. Hace quince años la ruta estaba cubierta de bosque, pero hoy es una zona semiárida en mitad de un proceso de rápida desertificación. En otras palabras, en la lucha entre el Norte y el Sur el desierto va ganando. El Banco Mundial y el Fondo Mundial para el Medioambiente invirtieron mil millones en 2007 para impulsar la iniciativa, que une a las doce naciones africanas del Sahel, bajo la premisa de que los árboles traerían agua, comida y trabajo a una región condenada, pero también de que el mundo necesitaba expandir ese pulmón. En lugar de enviar profesionales a cubrir las áreas proyectadas, el modelo fue dejar en manos de los agricultores la gestión de sus propias tierras, estableciendo un incentivo económico inicial por plantar árboles que mantiene vivas a las familias durante las vacas flacas, pero cuyos resultados deberían inspirar permanencia a más largo plazo, contribuyendo a la captura de CO_2 al mismo tiempo que sostienen la economía local.[8] Según la Convención de Naciones Unidas de Lucha contra la Desertificación, ya se ven brotes verdes. Nigeria le ha robado al desierto cuatrocientas mil hectáreas de terreno, y esperan que la senda verde avance de manera orgánica.

El tiempo de proceso y la implicación local son dos factores cruciales en el éxito de estos proyectos. Hace falta espacio de prueba y error. Muchos de los que se saltan alguno de los dos factores para acelerar el proceso y optimizar resultados suelen fracasar. El 11 de noviembre de 2019, el Gobierno turco se propuso plantar once millones de árboles en un solo día, celebrando para ello una ceremonia masiva que llenó 81 ciudades del país de voluntarios plantadores de árboles, incluidos el presidente Recep Tayyip Erdoğan y su esposa, que inauguraron la jornada en Ankara, la capital, levantando sendas palas por una Turquía más verde. Lo llamaron «Geleceğe nefes ol», que significa «Sé un respiro para el futuro». En Çorum Celilkırı, una ciudad del norte de doscientos mil habitantes, un centenar de voluntarios plantó 303.150 árboles en una sola hora, rompiendo el récord Guinness de esa categoría. Tres meses más tarde, el 90 por ciento de los árboles estaban muertos. Habían sido plantados «en un momento inadecuado, por manos no expertas, en una temporada con pocas lluvias», pero «incluso si los hubieran plantado en el momento y con la preparación adecuados, el éxito sería del 65 al 70 por ciento». Así lo explicó el portavoz del sindicato forestal turco, Şükrü Durmuş, al diario *The Guardian*,[9] contradiciendo el relato oficial, que declaraba un éxito del 95 por ciento.

Los árboles y las fechas tienen que estar bien elegidos, pero los incentivos también. Sembrando Vida, un programa que el Gobierno de México lanzó en 2018 y que beneficia a más de cuatrocientos mil campesinos en veinte estados del país, acabó dañando más territorio que el que salvó. Aparentemente, los agricultores clareaban el bosque para poder plantar los árboles por los que recibían el subsidio. El sistema de monitoreo satelital Global Forest Watch indica que en 2019 se perdieron 72.830 hectáreas de cobertura forestal. Es raro que los gobiernos y empresas que emprenden estas campañas hagan un seguimiento de los resultados o admitan los errores cometidos, ofreciendo una auditoría o un análisis productivo del ejercicio con ánimo de mejorar las futuras ejecuciones, no solo para sí mismos sino para el resto de la comunidad internacional. Eso es porque suele tratarse de una campaña de marketing, diseñada para proyectar responsabilidad ecológica donde no la hay.

Plantar árboles es la herramienta perfecta de *greenwashing*. Es menos arriesgado políticamente que devolver tierras, más conveniente que acabar con el plástico y más barato que poner una Orca o pagar por los vertidos, pero suena positivo, preciso y específico. Plantar árboles es sinónimo de vida, de futuro y de prosperidad. Este es el perfil de campaña que se ha ido formalizando en los últimos años. Primero anuncias que vas a plantar un millón de árboles en un día, calculando los beneficios ambientales sin restar las externalidades de la operación y asumiendo que todos prosperan, lo cual sabemos que no ocurrirá. Después compras árboles baratos de crecimiento rápido y dejas que sean los voluntarios quienes los planten, porque además de barato es vistoso, y ofrece a los ciudadanos un agradecido respiro dentro de la alienación general. Prescindes de los expertos porque piden cosas locas, como comprar especies autóctonas que no destruyan la diversidad ni se beban el presupuesto hídrico de toda la región en cuatro días. También quieren dejar un presupuesto especial de mantenimiento para asegurar que prosperan o convocar la ceremonia dentro del ciclo natural de la planta, en lugar de respetar tu calendario electoral. (Concepción típica de las granjas de producción intensiva, donde la inseminación artificial garantiza que los animales crían de acuerdo con el calendario del mercado en lugar de con el ciclo natural, a costa de gran cantidad de sufrimiento, muerte y antibióticos).

Finalmente, el día señalado, con una Barbour y una pala, dejamos que el presidente, candidato o CEO se manche las rodillas de tierra limpia para bañarse en la gloria verde del ritual, confiando en que ningún periodista tendrá tiempo de volver en una semana para ver cuántos árboles han sobrevivido o podrá calcular el CO_2 que ha generado la operación. Es fenomenalmente popular, no solo entre políticos y ayuntamientos sino también entre multimillonarios, bancos y multinacionales, en especial las más contaminantes, desde cárnicas como Campofrío y *lobbies* del plástico como Ecoembes hasta cadenas como Starbucks y plataformas de consumo masivo como Pornhub. La reforestación es el nuevo negro. Todo gloria, cero *fact-checking*. Consecuentemente, la ONU ha declarado el periodo que nos separa de 2030 como el «Decenio sobre la Restauración de los Ecosistemas», y más de un centenar de países han prometido regenerar cerca de ochocientos millones de hectáreas de suelo. Sería crucial establecer unos estándares de calidad para la ejecución y el seguimiento de los proyectos, teniendo en cuenta los precedentes actuales. Pero todo esto nos distrae del elefante en la habitación, la propuesta más contundente, barata, eficiente y sostenible, que, sin embargo, nos parece imposible de implementar: cambiar de dieta.

UNA DIETA PARA LA SALUD PLANETARIA

La crisis climática amenaza nuestra capacidad de alimentar a una población mundial en crecimiento, pero nuestro modelo alimentario es una amenaza en sí mismo. La industrialización de la cadena alimentaria es la causa principal de obesidad y de las llamadas ENT o «enfermedades no transmisibles» (cardiovasculares y respiratorias, cáncer y diabetes), que son responsables del 71 por ciento de las muertes que se producen en el mundo.

En otras palabras, la dieta mata a más gente que el sexo sin protección, el alcohol, las drogas y el tabaco juntos. (Uno de los Objetivos de Desarrollo Sostenible para 2030 es la reducción de las muertes prematuras por ENT en un 33 por ciento). También es uno de los principales agentes de degradación medioambiental a lo largo de toda su cadena de suministro, incluidos la producción, el procesamiento y la distribución. Tanto es así que, si consiguiéramos reducir a cero todas las emisiones de todas las demás industrias, no podríamos quedarnos por debajo del límite de 1,5 °C sin reducir drásticamente las que produce nuestra dieta.[10] La curva empeora muy rápidamente. David Tilman y Michael Clark, de las universidades de Oxford y Minnesota, calcularon en 2014 que el crecimiento global proyectado hasta 2050 aumentaría las emisiones en un 80 por ciento.[11] Finalmente, parece ser una fuente de alimentación muy poco eficiente. La carne y los lácteos proporcionan el 18 por ciento de las calorías y el 37 por ciento de las proteínas de nuestra dieta, pero usan el 83 por ciento del suelo[12] y se beben más del 90 por ciento del agua.

En la era del *big data*, los ordenadores cuánticos, la revolución genética y la biotecnología, cuesta creer que no seamos capaces de diseñar un sistema de producción alimentaria que sea asequible, accesible y saludable para todos sin poner en crisis la estabilidad climática y la resiliencia del ecosistema. De hecho, lo somos. La Comisión EAT-Lancet, un consorcio de treinta y siete científicos de prestigio mundial, procedentes de instituciones científicas de distintos países y de disciplinas dispares, se propuso establecer un consenso científico que abordase los dos problemas al mismo tiempo y de forma global. Su solución es una reforma del sistema alimentario mundial capaz de alimentar a diez mil millones de personas con comida saludable sin transgredir los límites planetarios. Y una dieta, The Planetary Health Diet («La Dieta para la Salud Planetaria»).

La composición de la dieta tuvo dos fases. Primero, los nutricionistas revisaron la literatura científica disponible y actualizada para diseñar una dieta básica y completa, compuesta de productos integrales, no refinados. Después llegaron los científicos del clima y fueron apartando de su dieta todo aquello que causara emisiones en exceso o una pérdida de biodiversidad, o que implicara grandes extracciones de agua potable, tierra fértil, nitrógeno y fósforo. Entre unos y otros parecen haber llegado a la misma conclusión que Michael Pollan en *El dilema del omnívoro*: «Come comida. No mucha. Sobre todo plantas». La Dieta para la Salud Planetaria consiste principalmente en frutas, verduras, nueces, cereales en grano y legumbres y proteína vegetal, con un consumo moderado de proteína animal (un filete o hamburguesa de cien gramos por semana, o dos raciones de pollo o pescado). Lo admite, pero no lo considera necesario. Los vegetarianos pueden seguir siendo vegetarianos y vivir una media de diez años más. También limita el consumo de lácteos y azúcares añadidos.

En el propio informe explican que, si su objetivo principal fuese solo reducir las emisiones de gases de efecto invernadero, entonces la dieta sería estrictamente vegana, pero «no está claro que la dieta vegana sea la opción más saludable» para toda la población. Se busca un equilibrio nutritivo con alimentos disponibles y eficientes, con una huella de carbono razonable en relación con su aporte calórico y nutritivo. Pero destaca la importancia crucial de reducir drásticamente el consumo de carne porque su producción contribuye demasiado a la desigualdad económica y a la degradación de la salud pública y medioambiental, además de consumir muchos más recursos que los que devuelve. Seguir comiendo carne de forma indiscriminada «garantiza la continua degradación de la salud pública y la incapacidad colectiva de cumplir con los Objetivos de Desarrollo Sostenible de la ONU y los Acuerdos de París».

No todo el mundo puede dejar de comer carne todos los días. Hay países donde es más barato comer una hamburguesa que fruta y verdura, porque está más subvencionada o porque el clima limita el acceso a estas durante largos periodos anuales. Ese no es el principal obstáculo. Una investigación publicada en *Nature* calculó que, solo con que los 54 países más ricos del mundo siguieran la dieta planetaria, el resultado sería equivalente a que todos los países cumplieran al cien por cien los propósitos de la COP26. No solo por las emisiones que ahorra, sino también por los territorios que libera. «Sabemos que cambiar de dieta puede ahorrarnos una enorme cantidad de emisiones evitando las que produce la agricultura para el consumo animal —explicaba Paul Behrens, profesor de la universidad holandesa de Leiden y líder del proyecto de investigación—, pero ocurre que también nos ahorramos enormes cantidades de terreno que puede ser empleado para secuestrar carbono de la atmósfera». Si los países más ricos del planeta —un tercio del total— adoptaran la dieta propuesta por los científicos, se liberaría una cantidad proporcional de tierra ahora dedicada al pasto, el maíz o la soja que, en su estado natural, volvería a ser una verde máquina de captura y secuestro de CO_2. Un «doble dividendo climático», declaran los investigadores, capaz de sacar cien mil millones de toneladas de CO_2 de la atmósfera en lo que queda de siglo. En realidad es un triple dividendo, porque aumenta la superficie de bosque disponible y los humanos somos más inteligentes, más sanos y más felices cuando tenemos acceso a entornos naturales. El fenómeno se llama «biofilia».

Triple dividendo climático: sanos, sostenibles y felices

«Nunca estaremos realmente sanos, satisfechos o contentos si vivimos apartados y alienados del entorno en el que hemos evolucionado», aseguraba Stephen R. Kellert, uno de los padres del concepto, en su libro *Birthright. People and Nature in the Modern World*. Nuestro cerebro evolucionó durante millones de años para adaptarse a su larga travesía por la sabana, mientras que la emigración masiva a entornos urbanos tiene menos de doscientos años. Un gran paso para la humanidad y un paso muy pequeño para la evolución. Por eso pasear por «la naturaleza» nos hace sentir bien. Más que bien. «De pie en el suelo desnudo, con la cabeza bañada por el aire alegre y levantada hacia espacios infinitos, todo egoísmo mezquino se desvanece —dice el ensayo más célebre de Ralph Waldo Emerson—. Me convierto en un globo ocular transparente; no soy nada; lo veo todo; las corrientes del Ser Universal circulan por mí; soy parte o partícula de Dios».[13] Hoy tenemos herramientas que explican algunos de los fenómenos que experimentamos en el bosque.

Por ejemplo, que respiramos unos compuestos volátiles llamados «fitoncidas» que las plantas usan para protegerse de los hongos y los insectos, y que activan y multiplican nuestras células NK, asesinas naturales que destruyen células infectadas y cancerosas.[14] Tras la visita devastadora del *Agrilus planipennis*, un bello escarabajo de color esmeralda que tumbó cien millones de árboles en Norteamérica, la incidencia de enfermedades cardiovasculares y respiratorias aumentó notablemente entre los vecinos de las zonas afectadas.[15] Simplemente mirar un rato los árboles reduce los niveles de cortisol y adrenalina, las hormonas del estrés. Nuestras neuronas visuales responden tanto a la influencia de lo verde que hasta mirar una fotografía de un bosque durante un rato suficiente disminuye la presión arterial, reduciendo notablemente los niveles de ansiedad, depresión y violencia. Un estudio por barrios en la ciudad de Baltimore concluyó que un 10 por ciento más de árboles equivale a un 12 por ciento menos de delincuencia.[16] «Es chocante lo fuerte que es la correlación», comentaba el líder de la investigación Austin Troy, director del Centro de Investigación de Transporte de la Universidad de Vermont.[17] Más interesante todavía, la exposición a los árboles nos ayuda a pensar mejor.

En su famoso libro *Biofilia*, el adorado biólogo E. O. Wilson habla de nuestra «tendencia innata a concentrarnos en lo vivo y en los procesos de lo vivo». Nuestro cerebro no ha evolucionado para mirar una lámpara, una pantalla o una pared. La naturaleza, con su despliegue de elementos cambiantes sin un patrón aparente, estimula nuestra atención de forma difusa y reparadora, mientras que los entornos urbanos la exigen de forma directa y multiplicada, agotando nuestras reservas. La ciudad es extractiva, mientras que el bosque es restaurador y expansivo. Como explica de forma astuta la divulgadora científica Annie Murphy Paul en su fascinante *The Extended Mind*, la naturaleza expande y aumenta nuestro cerebro. Por ese motivo las mejores universidades y centros de investigación están rodeados de bosques. Y los colegios, institutos, cárceles y hospitales de todo el mundo deberían estarlo también.

La comunidad indígena podría proteger gratis y de forma eficiente las máquinas de captura y secuestro de carbono que sabemos que funcionan. La comunidad científica ha propuesto un modesto cambio de dieta capaz de mejorar radicalmente nuestra salud, reducir radicalmente los gases de efecto invernadero y expandir nuestra capacidad intelectual. Ninguna de las dos soluciones requiere grandes inversiones o un exceso de confianza en la capacidad de tecnologías experimentales para optimizar a tiempo su eficiencia o resolver los problemas técnicos que les impiden crecer. Sin embargo, no solo son rutinariamente descartadas por las administraciones, sino que son ninguneadas por los grandes medios de comunicación. ¿Por qué la ruta más corta, barata, sensata y eficiente hacia una solución necesaria es, no obstante, la más improbable? Daniel Kahneman diría que es el típico problema que no sabemos resolver. Y es verdad, pero es más complicado que eso.

OTRAS MANERAS DE SER HUMANO

La dieta está fuertemente vinculada al relato fundacional de lo que somos. «Der Mensch ist, was er ißt», declara Ludwig Feuerbach en 1850. No podemos cambiar de dieta sin cambiar de ser, y dejar de ser para ser otra cosa es una forma de muerte, si no de la carne al menos sí del ego. Erik Erikson, un gran renovador de Freud en el campo de la psicología evolutiva, explicaba que este problema presenta dos partes. Por un lado, tenemos una identidad individual que se describe como una persistencia de la uniformidad con uno mismo. Comer es un comportamiento que se repite varias veces a lo largo del día y que requiere atención y esfuerzo continuos; es por lo tanto una marca profunda en nuestra identidad individual. Por otro, tenemos una identidad social que consiste en compartir características de base con otros, y la comida es uno de los ejes principales de nuestra vida social. La dieta nos define como grupo, no solo en las diferentes culturas sino en la especie. Nuestra dieta es una parte importante de quiénes somos en el contexto del planeta, esas historias arquetípicas anteriores al verbo que constituyen las partes mecánicas de nuestro córtex cerebral. Los cuentos que nos contamos para poder sobrevivir. Dejar de comer carne desafía el relato de superioridad sobre el entorno y el resto de las especies que nos reconforta y nos hace sentir seguros. Por otra parte, la existencia misma de los pueblos indígenas demuestra que ese relato mesopotámico basado en la superioridad divina y la explotación indiscriminada no es el único que existe. Hay otras maneras de ser humano que no dependen de la explotación y la acumulación.

En su último libro, *The Dawn of Everything. A New History of Humanity*, el antropólogo David Graeber y el arqueólogo David Wengrow van a buscar las pruebas de otra clase de civilización, un desarrollo urbano cuyo relato no esté anclado en la inevitabilidad de la explotación de clase, la acumulación de bienes y la esclavitud. Para su sorpresa, encuentran decenas «escondidas a plena luz del día».[18] Desde el mismo momento en que empiezan a establecerse las primeras civilizaciones mesopotámicas, surgen asentamientos masivos de cazadores-recolectores en el este de Europa que prosperan durante ochocientos años sin un Gobierno central totalitario, una administración conjunta o una plaza central. Carecen de las jerarquías de privilegio hereditario de las primeras ciudades sumerias, que se manifiestan en descripciones pictóricas o arquitecturas monumentales, mausoleos, templos y palacios. Tampoco hay documentos escritos que muestren un sistema contable de recaudación centralizada. En cambio, construyen con piedra, cuecen cerámica y hasta parece que inventan la metalurgia, creando herramientas, armas y joyas con piezas de oro y cobre que excavan en pozos de hasta treinta metros de profundidad. Estas primeras ciudades que emergen al norte del mar Negro, en Ucrania y Moldavia, llegan a tener más de diez mil habitantes, y construyen miles de viviendas en una red urbana distribuida en círculos concéntricos, aparentemente autogobernados, que Wengrow y Graeber comparan con «los anillos de un árbol». Ocupan espacios liminares entre la estepa y el bosque, una zona ondulada de barranco erosivo y temperaturas moderadas que hoy ha sido completamente deforestada y colonizada por ciudades, centros industriales, la explotación agrícola y la extracción minera.

Al otro lado del Atlántico encuentran el ejemplo de Tlaxcala, con ciento cincuenta mil habitantes, donde Hernán Cortés firma su alianza con los tlaxcaltecas en 1519. Escribe el conquistador que tiene un Gobierno muy parecido al de «las repúblicas de Venecia, Génova y Pisa, porque no tienen un jefe supremo». Mantienen a raya al imperio azteca gracias a la buena organización de su ejército y a su buena organización política, que favorece la asociación cívica y castiga la emergencia de líderes populistas, el modelo opuesto al de la faraónica capital azteca de Tenochtitlán. Mucho antes, en la ciudad que los aztecas bautizaron como Teotihuacán, «donde los hombres se convierten en dioses», la sociedad fundacional que en el siglo I levanta el templo de Quetzalcóatl, la pirámide de la Luna y la pirámide del Sol, típicamente dinástica y jerárquica, sufre una transformación. Tres siglos después, con una población de más de cien mil habitantes y en pleno apogeo comercial, Teotihuacán abandona la construcción de templos y palacios para embarcarse en un proyecto de desarrollo urbano sin precedentes; levanta amplias zonas residenciales llenas de espaciosas y acomodadas viviendas para todos sus habitantes, equipadas con elaborados sistemas sanitarios y espacios comunitarios para la vida social, convirtiéndose en la ciudad más grande y próspera del Nuevo Mundo.

«Teotihuacán destaca de manera única con unos principios de planificación muy diferentes —escribe Michael E. Smith, arqueólogo de la Universidad de Arizona en la revista *Archaeo-logy Magazine*—,[19] y sus bloques de apartamentos representan un modelo único de residencia, no solo en Mesoamérica sino en el mundo de la planificación urbana a escala planetaria». Ambos modelos demuestran que somos capaces no solo de vivir de forma más igualitaria sino también de cambiar hacia formas más igualitarias de coexistencia y prosperar. Otro relato es posible. Lamentablemente, hay un segundo obstáculo más grande y pesado para la adopción de las medidas más simples hacia una reparación medioambiental: la devolución de tierras, la gestión racional de los recursos y la reducción de la industria agroalimentaria son la mejor esperanza para el planeta pero la peor amenaza para el capitalismo. Y, como decía Fredric Jameson, es más fácil imaginar el fin del mundo que el fin del capitalismo.

Geoingeniería contra el fin del capitalismo

En *El Ministerio del Futuro*, la comunidad internacional reacciona con desolación ante la muerte de millones de indios durante la ola de calor, y despliega una nube de propósitos contra el calentamiento global que rápidamente se desinflan y se disipan en la rutina habitual. Ante la inconsistencia del resto de las naciones y la amenaza de otra ola letal, el Gobierno indio decide contravenir los acuerdos internacionales y dispersar cantidades industriales de dióxido de sulfuro en la atmósfera, con la esperanza de bajar las temperaturas. Es la primera intervención climática en un libro que se toma muy en serio las soluciones que la ingeniería ha propuesto para mitigar el desastre climático, desde bombear agua de debajo de los casquetes polares para evitar que se derramen en el océano hasta inyectar nieve en el Ártico para ralentizar su calentamiento. También es el acontecimiento que aterra a Kim Stanley Robinson y que desata una cadena de sucesos. Aunque se trata de una novela antidistópica, las cosas empeoran notablemente antes de mejorar.

«La geoingeniería solar presenta exactamente las propiedades opuestas a la descarbonización —explica Gernot Wagner, autor de *Geoengineering. The Gamble*—. El problema no es cómo motivar a la gente para que la adopte, sino cómo impedir que lo haga demasiado, demasiado pronto y de forma estúpida». A diferencia de las tecnologías de captura de carbono, es relativamente barata y tiene un impacto global. Según sus defensores, ya sabemos que funciona. En 1991, meses después del primer informe del IPCC, un cráter del arco volcánico de Luzón, en Filipinas, despertó de un sueño de quinientos años, inyectando casi veinte millones de toneladas de dióxido de sulfuro en la estratosfera. La erupción del monte Pinatubo no solo le hizo un bonito agujero a la capa de ozono. Al oxidarse en contacto con la atmósfera, algunos de esos gases se transformaron en una capa de ácido sulfúrico que envolvió a la Tierra, haciendo descender su temperatura medio grado, justo a tiempo para firmar la Declaración de Río sobre el Medioambiente y el Desarrollo de Naciones Unidas en la Cumbre de la Tierra de Río de Janeiro, celebrada en junio de 1992. Según sus detractores, el dióxido de carbono podría generar fuertes cambios en los patrones de precipitación, afectando a las cosechas. «La inyección de sulfato estratosférico debilita los monzones de verano africanos y asiáticos —dijo el IPCC—, y provoca la sequía en la Amazonia». También podría elevar todavía más la acidez de los océanos. Peor aún, el «choque de terminación» que se produciría al concluir súbitamente la siembra de la atmósfera con partículas de azufre podría generar el efecto opuesto al deseado. La Tierra podría combatir el tratamiento precipitando un aumento brusco de la temperatura. Sería la clase de apocalipsis que nos imaginamos. Rebelarse contra ese futuro empieza por imaginar un final mejor.

3

Inteligencia No Artificial

Technology is the active human interface with the material world.

Ursula K. Le Guin, «A Rant About "Technology"»

You have to act as if it were possible to radically transform the world. And you have to do it all the time.

Angela Davis

En enero de 2018, la alcaldesa de Ciudad del Cabo, Patricia de Lille, anunció que la urbe estaba a punto de cerrar el grifo. Después de tres años de severa sequía, «la peor en los últimos mil años», las reservas de agua embalsada estaban en el 24 por ciento. Cuando llegaran al 13,5 por ciento, sería la primera alcaldesa del mundo en activar el protocolo más extremo de gestión del agua: cortar el suministro municipal y activar un sistema de racionamiento para sus cuatro millones de ciudadanos. Los residentes serían divididos por barrios, en grupos de veinticinco mil personas, para recibir veinticinco litros diarios de una de las doscientas estaciones de suministro establecidas a lo largo de la ciudad. Le pusieron un nombre, «Día Cero». Si nada cambiaba en los dos meses siguientes, ese momento llegaría el 12 de abril de 2018.

Como todo, el problema tenía múltiples orígenes. La región lleva años secándose. «La ciudad se quedará sin agua dentro de diecisiete años», decía un titular del *Cape Times* en abril de 1990. El Niño, un fenómeno atmosférico causado por el calentamiento gradual del océano Pacífico, había castigado especialmente a la región, pero no se habían tomado las medidas adecuadas para optimizar sus recursos. Más bien al contrario. Durante los veinte años anteriores, la población había crecido más de un 80 por ciento, un aumento desaforado del consumo que venía acompañado de nuevas infraestructuras de abastecimiento. Había plantas de desalinización para potabilizar el agua del mar que rodea a Ciudad del Cabo y sistemas de reciclaje y extracción de agua subterránea, pero estaba todo a medio construir. La presa que traería agua de Lesoto, el Nepal sudafricano, tampoco se había completado. Por otra parte, había veintidós mil perforaciones de acuíferos registradas, pero estaban en manos privadas. De acuerdo con datos del Instituto Future Water de la Universidad de Ciudad del Cabo, el consumo medio ascendía a entre 250 y 350 litros al día por persona, una cantidad bastante alta. España utiliza una media diaria de 132 litros, mientras que en California la media es de 386 litros. Pero el gasto era mucho más alto en los barrios altos como Kreupelbosch, donde la densidad de población es baja y abundan las viviendas unifamiliares con jardín y piscina. La mayor parte de la población vivía en asentamientos informales y empobrecidos, y consumía menos del 5 por ciento del agua municipal total.

La única forma de esquivar el Día Cero era hacer un esfuerzo colectivo para reducir drásticamente el consumo de agua hasta que llegaran las lluvias. Ese mismo febrero, el Ayuntamiento estableció un régimen de incentivos diseñado para activar ese esfuerzo. Los primeros fueron todos negativos. Subió el precio del agua y bajó la presión del suministro, dejando un límite de consumo de cincuenta litros diarios por habitante, el mínimo según la OMS. Se prohibieron los usos no esenciales, como lavar coches, regar jardines o llenar piscinas. Como era de esperar, tuvieron un efecto inmediato, incluso más fulminante que la amenaza de hacer cola cada día junto con miles de personas para conseguir veinticinco litros de agua. A medio plazo, sin embargo, los más importantes tuvieron que ver con la información.

Primero, el Gobierno obligó a las casas a instalar un medidor de agua preciso para que supieran exactamente cuánto consumían y por qué. No hacerlo se sancionaba con multas de hasta setecientos euros. Segundo, desplegó una campaña masiva sobre la gestión del agua, demostrando maneras de reducir el consumo; por ejemplo, ducharse solo dos veces por semana con el agua de un cubo o una jarra (la ducha gasta una media de quince litros de agua por minuto). Mucha gente se cortó el pelo porque no le alcanzaba el agua para tenerlo aseado. Todos aprendieron a reservar el agua potable para beber y cocinar, y a reciclar la máxima cantidad posible; por ejemplo, usando el agua de la ducha y del lavabo para lavar la ropa, o la de fregar los platos y el suelo para llenar la cisterna, que solo debía vaciarse cuando había sólidos (son quince litros cada vez). «If it's yellow, let it mellow» («Si es amarillo, déjalo estar»), fue el eslogan que empezó a recitar la población. Finalmente, el Gobierno puso señales electrónicas en las calles y carreteras que mostraban los niveles de abastecimiento de agua y calculaban cuántos días los separaba del Día Cero. Publicaron mapas de consumo de cada barrio para despertar la deportividad vecinal, incluida la lista de los cien vecinos más derrochadores. Los ciudadanos empezaron a competir por ver quién consumía menos, compartiendo métodos cada vez más ingeniosos de conservación doméstica en las redes sociales. Políticos, modelos, deportistas y artistas empezaron a hacer lo mismo en las radios y la televisión locales. En menos de medio año, los habitantes de Ciudad del Cabo habían aprendido a vivir con la mitad de agua. Han pasado cuatro años y el Día Cero nunca llegó.

Hubo medidas menos fotogénicas. Los agricultores tuvieron que ceder sus reservas —el 30 por ciento del total— para abastecer a la población durante el primer mes, y someterse a duras cuotas después del segundo, sacrificando cosechas y miles de puestos de trabajo que no han vuelto a recuperar. Y no todo el mundo lo vivió igual. Las familias más acomodadas pudieron comprar el agua embotellada de los supermercados o conseguirla en el mercado negro, a pesar de la inflación y las listas de espera. Hubo casos de oportunismo y casos de generosidad. La versión local de Craigslist se llenó de ofertas ilegales para traer agua de río y manantial. South African Breweries, la principal cervecera de la ciudad, instaló una fuente en la entrada de su sede con cinco tubos de agua que desviaban de un manantial natural para compartirla con los vecinos de forma abierta y gratuita. En menos de veinticuatro horas tuvieron que poner seguridad y un límite de veinticinco litros porque había «emprendedores» llevándose miles de litros para revender.

El embalse de Theewaterskloof tocó fondo el 9 de marzo de 2018 con un 11 por ciento. Los vecinos de Ciudad del Cabo contuvieron juntos la respiración. Después llegaron las esperadas lluvias. En octubre de 2020 el embalse estaba completamente lleno, pero siguieron ahorrando agua, porque sabían que no iba a durar. Desde entonces, han ido esquivado el Día Cero a costa de endurecerse contra la sequía. El Gobierno sudafricano ha acelerado los grandes proyectos, incluidos sistemas de reciclaje experimental, pero la estrategia a largo plazo es no depender de una sola tecnología, o de una única solución. Han talado decenas de miles de árboles no autóctonos —principalmente pinos y eucaliptos— que había traído la industria maderera porque se bebían cincuenta millones de litros anuales. «Los pinos no son endémicos de esta zona. Usan demasiada agua, mucha más que las plantas endémicas —explicaba Nkosinathi Nama, coordinador del equipo de conservación del Greater Cape Town Water Fund—. Esta es parte de la infraestructura verde que tenemos que arreglar».[1] A escala municipal, se han multiplicado las casas con tanques y acumuladores en sus tejados. Conservar agua se ha convertido en una segunda naturaleza. Todos los vecinos sacan cubos y palanganas en cuanto intuyen que va a llover.

El Día Cero ronda desde hace tiempo a algunas de las grandes metrópolis del mundo, como Melbourne o Ciudad de México. Pero no todas son tan predecibles. Según el Instituto de Recursos Mundiales de Washington, São Paulo estuvo a veinte días de quedarse completamente sin agua en 2015. Es un caso inexplicable cuando Brasil contiene la octava parte del agua natural que hay en el mundo. La llaman la «Arabia Saudí del agua». La deforestación ha reducido tanto la capacidad del entorno para almacenar agua que las lluvias antes habituales se han transformado en un cuadro bipolar de sequía e inundaciones. En 2015 tocaba sequía. Los ríos locales, el Tietê y el Pinheiros, estaban contaminados hasta la putrefacción. Las infraestructuras que venían de los embalses estaban tan abandonadas que el agua se perdía antes de llegar a la ciudad. Había millones de personas viviendo con dos días de suministro semanales. «Somos testigos de una crisis de agua sin precedentes en una de las grandes ciudades industriales del mundo —declaró Marússia Whately, especialista en recursos hídricos del Instituto Socioambiental—.[2] Por culpa de la degradación medioambiental y la cobardía política, millones de personas en São Paulo se preguntan cuándo se van a quedar sin agua». El centro financiero del país, una megalópolis de veinte millones de habitantes, se seca, al igual que otras ciudades brasileñas, porque la industria agroganadera se bebe el 78,3 por ciento del agua de Brasil y el resto se pierde por una mala gestión.

Cuesta creer que nos estemos quedando sin agua cuando vivimos en el planeta azul. Mirándolo nadie lo diría. Dos tercios de la superficie terrestre son agua, pero la mayor parte es agua de mar, y los métodos que utilizamos para desalarla requieren grandes cantidades de energía y producen vertidos muy contaminantes. La salmuera que vierten las desaladoras está cargada de nitratos que hacen crecer las algas y el fitoplancton de forma descontrolada, impidiendo que la luz llegue al fondo y asfixiando el lecho marino; un ejemplo notable se describe en el informe de Datadista sobre la tragedia del mar Menor.[3] El resto es agua dulce, pero el 68,9 por ciento está congelada cubriendo las regiones polares o montañosas. Hay un 29,9 por ciento de aguas subterráneas y un 0,9 por ciento de agua que se encuentra en formas atomizadas, como la humedad del suelo, a la que es difícil acceder o cuyo aprovechamiento es complejo. Finalmente, hay un 0,3 por ciento de aguas superficiales como ríos, lagos y embalses, nuestra fuente principal de agua potable. Parafraseando a Coleridge, hay agua por todas partes y ni una gota para beber.

Hay seis países que acaparan casi el 50 por ciento de esas reservas: Brasil, Canadá, Rusia, Estados Unidos, China e India. Hay una industria que se la bebe. El «gran agro» consume más del 70 por ciento de las reservas hídricas mundiales. Es tres veces más de lo que consumía hace cincuenta años, lo cual tiene sentido porque se ha triplicado la población. Pero, sobre todo, porque se ha disparado el consumo de carne, que cuesta mucha,

mucha agua. El kilo de ternera es el más «caro», a 15.415 litros de agua. El cálculo es que, en sus tres años de vida, el animal habrá comido 1.300 kilos de pienso compuesto de cereales y soja, más 7.200 kilos de forraje (pasto, heno, hierba), y habrá bebido 24.000 litros de agua, más la que se necesita para limpiar sus excrementos y desinfectar su establo.[4] Ese cálculo no incluye la que se consume para construir las infraestructuras que producen el 90 por ciento de esa carne ni la que se envenena con los antibióticos, los gases amoniacos, el ácido sulfhídrico y el anhídrido carbónico de sus vertidos. Un kilo de oveja o cabra requiere 9.000 litros, uno de cerdo sale a 6.000 litros y uno de pollo, a 4.300 litros. Producir animales para comer es «solo» el 29 por ciento del agua total. La mayor parte del agua destinada a la agricultura se usa para alimentar animales, en enormes monocultivos de soja y maíz que están devorando las últimas reservas, destruyendo tierra, mar y aire con los pesticidas y fertilizantes que necesitan para prosperar.

São Paulo superó la crisis de forma opuesta a Ciudad del Cabo, con un racionamiento selectivo y no consensuado. La población no tuvo nada que hacer. Los grifos se secaron en los barrios más pobres y racializados, disparando los casos de dengue y disentería. Los colegios y hospitales públicos empezaron a servir bocadillos para no tener que lavar platos. Los barrios altos siguieron lavando sus coches, regando sus jardines y llenando sus piscinas sin conocer el estado diario de las cuencas locales ni lo cerca que estaban del final. El Gobierno aceleró la obra que conecta el sistema Cantareira, que abastece de agua a São Paulo, con la cuenca del río Paraíba do Sul en Río de Janeiro, una explotación cuyo impacto medioambiental estaba siendo investigado. En el verano de 2016 llegó al poder Jair Bolsonaro y pisó el acelerador de la deforestación. El 22 de marzo de 2021,

Día Internacional del Agua, Bolsonaro inauguró el Programa Águas Brasileiras, su plan de restauración hídrica, plantando las semillas de una *Tabebuia rosea*, un árbol de crecimiento mediano natural de México, al lado del ministro de Desarrollo Regional, Rogério Marinho. Van a sembrar un millón de semillas en la cuenca de los ríos São Francisco, Paraíba, Tocantins y Taquari.

En muchos aspectos, Ciudad del Cabo tiene suerte. Su media de fugas en la infraestructura urbana es de un 15 por ciento, muy por debajo del 41 por ciento del resto de Sudáfrica. O de España, donde la cuarta parte del agua que entra en las redes urbanas de abastecimiento se pierde sin llegar a su destino. Por otra parte, la región cuenta con sus propias presas, lo que facilita un seguimiento directo de los protocolos de gestión. El Gobierno pudo proponer la relación de causa y efecto entre los patrones de consumo y el volumen de reservas que facilitó un cambio de paradigma. Al conectar sus hábitos de consumo con el volumen de agua disponible y tener acceso a la información en tiempo real, los ciudadanos de Ciudad del Cabo pudieron hacerse corresponsables de la situación y tomar medidas para mejorarla. No como cuando calculas la «huella de carbono» de tu compra o de tus vacaciones a través de una web con valores abstractos y aparentemente aleatorios, sino como cuando te has gastado duchándote el agua para cocinar.

La especificidad del gasto y el acceso inmediato a los resultados lo hicieron real. Un puñado de sensores baratos colocados en las fuentes de agua (generalmente lavabos, duchas, electrodomésticos e inodoros) ofrecen una lectura precisa y privada, en tiempo real, del consumo por actividades segmentadas, permitiendo la monitorización inmediata, privada y segmentada de todos los usos del agua a través de aplicaciones móviles. El *feedback* directo e inmediato permite corregir patrones inconscientes, como tener abierto el grifo de la ducha mientras te desvistes o hervir más agua de la que necesitas para preparar el té, así como comprobar la eficiencia de nuestros electrodomésticos y detectar fugas, una parte invisible pero sorprendentemente grande de la factura final. Los habitantes de Ciudad del Cabo podían relacionar la información de sus lectores domésticos con el césped fragante de sus vecinos, las piscinas llenas de los hoteles y los litros que iban faltando en el embalse. Ya no tenía sentido dividir la responsabilidad de esos litros entre todas las familias de la ciudad. Al mismo tiempo, el agua dejó de costar dinero porque no podían comprar con dinero lo que ya no existía. Dejaron de ser usuarios con derecho a un servicio que vale la cantidad que se paga para convertirse en guardianes de un recurso valioso, finito y compartido, que hacía falta proteger no solo de sus descuidos o de las excentricidades de sus vecinos, sino también de la mala gestión del Ayuntamiento y de los gobiernos futuros. En el proceso de aprender a gestionar juntos el agua de sus casas, los vecinos de Ciudad del Cabo se convirtieron en una comunidad informada, capaz de exigir decisiones económicas y políticas para salir de la crisis. Aprendieron de dónde viene el agua, cuánta pueden almacenar, cuánta necesita una familia, qué clase de plantas y cultivos la usan de manera respetuosa, conservadora y eficiente, y cuáles la desperdician. No se conformarán con una ceremonia para plantar un millón de semillas en una hora. Y han aprendido a calcular su contribución al problema y a inferir la contribución de los demás. Así se transformaron en una comunidad responsable, unida en la ejecución de protocolos capaces de garantizar la disponibilidad de agua para todo el mundo en momentos de presión; una comunidad informada que gestiona junta un bien escaso, que tiene cada vez menos dueños y que en 2020 empezó a cotizar en bolsa, como el oro, el petróleo y el gas natural.

INCENTIVOS PARA ANTICIPARSE A LA CRISIS

Las crisis transforman a las personas y a la sociedad. Nuestra historia evolutiva es un relato de agónicas transformaciones forzadas por la necesidad de supervivencia. La pregunta es: ¿podemos activar esa transformación *antes* de la crisis? Sabemos que el trauma evolutivo nos hace prisioneros de lo heroico, que preferimos empezar de cero a cambiar de hábitos. Pero no podemos empezar de cero sin sacrificar a una gran parte de la humanidad. La mitad de la población mundial vive en centros urbanos, y la Organización para la Cooperación y el Desarrollo Económicos (OCDE) prevé que en veinte años será el 70 por ciento. Con las metrópolis consumiendo más del 75 por ciento de la producción de energía mundial y generando el 80 por ciento de las emisiones, el único cambio significativo vendrá de mejorar lo que ya tenemos y de encontrar nuevas maneras de vivir. «A veces las viejas ideas pueden usar nuevos edificios —decía Jane Jacobs, la gran defensora de la capacidad de los barrios para reinventarse con nosotros dentro—. Las nuevas ideas necesitan viejos edificios». Pero ¿cómo hacer que los edificios de una ciudad empiecen a usar contadores de forma organizada y colaborativa para ahorrar agua sin un Día Cero? Sin multas, restricciones ni la posibilidad real de quedarse sin agua. Sin acontecimiento ni drama. Sin presión. Según la ciencia del comportamiento, para que arraigue un nuevo hábito tiene que ser fácil de ejecutar. Hay que eliminar todos los puntos de fricción que sean un obstáculo, despejando dudas y dificultades, y potenciar los incentivos.

El proceso es largo y no todas las estrategias funcionan al mismo tiempo. Los incentivos son como las piezas de una partida de ajedrez: un caballo vale mucho al empezar la partida, porque puede saltar por encima de las otras piezas en un tablero lleno, pero, a medida que la mesa se va despejando, sus saltitos se vuelven torpes y aparatosos y ganan puntos las piezas más rápidas como la torre o el alfil.

Como incentivo, la novedad es una pieza de apertura con poco recorrido. Una localidad como Madrid podría invertir en equipar todos los domicilios con sensores y contadores inteligentes a través de la empresa pública que suministra el agua, diseñar una aplicación de control del gasto y enseñar a usarla a través de una campaña masiva con instrucciones para su instalación y estrategias de ahorro. Los sistemas de medición avanzada son implementaciones que ya están en camino, porque facilitan mucho la gestión del suministro, pero tienen límites que no son técnicos. El Canal de Isabel II no necesita saber cuándo se duchan los madrileños ni cuántas veces van al baño, y, una vez centralizados por una institución o empresa, esos datos tienden a acabar en manos de entidades más indeseables. Pero, en previsión de ese mercado y de la implantación de dispositivos de gestión inteligente, están proliferando las aplicaciones alternativas para gestionar la información segmentada de los sensores, incluidas opciones de *software* libre, sujetas a auditoría para garantizar la privacidad. Otro incentivo importante pero problemático es el precio del suministro.

«El precio alto del agua puede beneficiar al medioambiente; la teoría es que los consumidores que paguen el precio real pueden apreciar la escasez del recurso y su verdadero valor», dice la OCDE.[5] Sudáfrica ha sido el país que más ha incrementado el precio del agua, más de un 20 por ciento desde la campaña Día

Cero, lo que ayuda a mantener el nivel de consumo por debajo de los cien litros diarios. Dinamarca, un país que no ha sido amenazado por la sequía, decidió hace dos décadas que la ciudadanía debía pagar la totalidad de los costes relativos al suministro de agua y su mantenimiento para entender su valor. Así pues, es el país de Europa que menos agua consume, con una media de 105 litros diarios por persona. En Italia, donde tomaron la decisión opuesta de subvencionar el agua, el consumo es de 240 litros diarios, el más alto del continente. Es la más barata de la UE y también una de las peor distribuidas, con el norte acaparando gran parte de los servicios en detrimento del sur. La infraestructura es tan deficiente que hay un tercio del suministro que no se cobra porque se pierde o «desaparece» antes de llegar a su destino, hacia pozos y fincas privadas. El agua la pagan entre todos, se la reparten unos pocos y nadie mira cuánto gasta, pero hay gente que no tiene, la infraestructura está en quiebra y se perpetúan el nepotismo, la desigualdad y la corrupción.

Imponer el coste total del servicio es un buen incentivo para la clase media, pero deja sin agua a los que menos tienen y abre el grifo para las piscinas y las fincas de los que tienen de más. Subvencionarla es un buen incentivo para la corrupción. Hay soluciones para eso, como las subvenciones o los tramos fiscales, pero el efecto a largo plazo sería dudoso, salvo que las administraciones lo apoyasen con un ejercicio de transparencia extrema. Hacer público el gasto de cada casa abre la posibilidad a un tercer incentivo, la presión social. El ayuntamiento que lo haga provocará la clase de emociones que activan los movimientos sociales, como la rabia y la indignación, salvo que se comprometa a reducir las desigualdades, un imperativo en la lucha contra el cambio climático. La campaña de información de Ciudad del Cabo permitió a los implicados entender de forma sistémica, metódica y persistente en el tiempo los patrones de consumo de cada barrio. No todos los distritos salieron bien parados en la comparativa, pero airear las desigualdades ayudó a salvar la ciudad. Tuvieron que sacrificar parte de la privacidad para desarrollar una conciencia colectiva que los convirtiera en socios trabajando por el bien común. Pero no solo eso. Con acceso a los datos, el ciudadano pudo relativizar el consumo de su casa y de su edificio en el contexto de otros edificios del barrio, así como el de su barrio en el contexto de todos los barrios, y entender el alcance de su contribución al gasto de las reservas locales en tiempo real. La lección de Ciudad del Cabo no es que la gente responde rápidamente a las multas, sino que la estrategia más eficiente para mitigar la sequía es convertir a los ciudadanos en accionistas de la bolsa de agua municipal.

El incentivo se dispara cuando cambiamos la gestión del agua por el consumo de energía, en el que el ciudadano puede ser consumidor y productor. Las comunidades energéticas locales, reconocidas recientemente en la Directiva Europea de Energías Renovables, permiten a cada edificio producir su propia energía a través de placas fotovoltaicas y otras fórmulas renovables y compartir la que sobra con otros vecinos o proyectos a través de cooperativas en una red de proximidad. Será la única manera sostenible de regular la temperatura de las viviendas en los próximos años sin que arda o colapse la ciudad. Y es un incentivo económico importante ahora que el precio de la luz pulveriza su récord todos los meses, porque permite crear redes de solidaridad con las familias en apuros. En el momento de escribir estas páginas, la cifra, histórica, es de setecientos euros/MWh.

La concentración del mercado energético no es el único problema. Tener un mercado descentralizado con muchos proveedores no garantiza que el precio sea bajo o el suministro estable, como demostró el temporal que azotó Texas en febrero de 2021. La tierra petrolera por antonomasia tiene una red eléctrica descentralizada que incluye múltiples fuentes de energía, entre ellas la solar, la eólica y la nuclear, pero completamente aislada, privatizada y desregulada, basada en precios a corto plazo. En un contexto medioambiental estable es una ventaja. Los veranos de Texas son cálidos y húmedos y los inviernos, fríos y ventosos, pero la temperatura no baja de los 3 °C ni supera los 36 °C. Cuando las temperaturas se desplomaron, el precio mayorista de la electricidad en Houston pasó de veintidós dólares el megavatio hora a aproximadamente nueve mil. Al mismo tiempo, la demanda de electricidad superó la marca que el Consejo de Confiabilidad Eléctrica de Texas había calculado que sería la máxima necesaria, dejando sin electricidad a cuatro millones de hogares. Había excedente de gas natural, pero no se pudo transformar en calor. Las tuberías de las casas se congelaron y explotaron, reventando las paredes. Cientos de familias durmieron en sus coches con la calefacción puesta. La cifra oficial de muertos fue de 246. En mayo de ese mismo año, cientos de iraquíes se concentraron para protestar por el precio de la electricidad con temperaturas superiores a los 50 °C en todo el país. Es crucial buscar fórmulas de soberanía energética, no solo respecto de la avaricia y la mala gestión de las empresas eléctricas, sino también de proveedores de los que es cada vez más problemático depender. La invasión de Ucrania ha visibilizado de forma dramática el peso geopolítico de nuestra adicción al petróleo y al gas de países como Rusia o los Emiratos Árabes. Es el momento de establecer un marco de gestión que permita la colaboración entre vecinos e instituciones. No tiene sentido esperar.

La tecnología está preparada. Las cooperativas energéticas han crecido durante los años de precios prohibitivos, de bloqueo de la industria energética y de desprecio institucional. En un contexto de apoyo administrativo y precios competitivos, solo pueden prosperar. En cuanto al agua, las publicaciones científicas están llenas de experimentos que confirman la eficacia de la ciencia ciudadana gracias a la irrupción de dispositivos competentes en el mercado de consumo. «Los métodos de monitorización tradicionales consumen mucho tiempo y la precisión de los datos es muy mejorable —explica un informe reciente sobre el estado de la monitorización ciudadana del agua—.[6] La aparición de sensores inteligentes ha mejorado drásticamente la calidad de la vigilancia del agua». Hay un internet de las cosas al servicio de la mitigación climática, y hay *softwares* de gestión y visualización de datos para hacerlos comprensibles e interesantes para los no iniciados. Coordinarse para entender los fundamentos de la gestión hídrica y energética de cada barrio ofrece una lectura geopolítica de la distribución de los recursos. En el tablero de la gestión de estos, la ampliación del control ciudadano es la clase de pieza que cobra fuerza en mitad de la partida, como una torre o un alfil. Y no requiere el consenso ni la implicación directa de todos los vecinos. Basta con que un grupo de ellos lo suficientemente astutos e interesados usen esos datos para investigar los factores no geográficos ni meteorológicos que incrementan el precio de un bien aparentemente común. Los barrios podrían tener su propio puesto de vigilancia de las infraestructuras municipales, un punto de partida que podría ampliarse fácilmente añadiendo sensores para medir la calidad de vida a través del ruido, la humedad, las partículas que flotan en el aire y el contenido del agua, no solo de la que entra sino también de la que sale. ¿Por qué no?

Un circuito crítico de sensores a la entrada y a la salida de un edificio es habitual en las plantas industriales, y serviría para estudiar el impacto del tratamiento de las aguas municipales sobre el bienestar de aquellos que la consumen, atendiendo al contenido mineral que determina su calidad. También podría advertir de la presencia de elementos ajenos, como químicos o microplásticos. Un buen protocolo es sensible al contexto, atendiendo al nivel de plomo en las cañerías de los edificios anteriores a 1975, cuando en España se prohibió el uso de este metal pesado en las nuevas edificaciones, o a una posible contaminación por nitratos si hay macrogranjas en las proximidades. Y es maravillosamente escalable; sumando las bases de datos de cada bloque, calle o barrio, se abre la posibilidad de un estudio continuado de las aguas residuales que permitiría valorar los cambios del perfil microbiótico de los vecinos a lo largo del año y monitorizar la incidencia de ciertas enfermedades, el abuso de pesticidas o la aparición de virus potencialmente pandémicos como el SARS-COV-2.

Un puesto de observación de esas características convertiría el edificio en un termómetro del bienestar comunitario, una base de datos propia e independiente que podría contrastar la información oficial cuando hiciese falta. La comunidad afectada por un exceso de trihalometanos derivado de un mal tratamiento de las aguas, o intoxicada por los vertidos de una fábrica o macrogranja cercana, tendría herramientas para denunciar el problema, vecinos con quienes activar la protesta e información suficiente sobre las consecuencias para encontrar los remedios y hasta para exigir una indemnización. Pero también podría complementarla. Después de la inversión inicial y la campaña de formación apropiada, cada edificio sería libre de colaborar con sus vecinos e impulsar proyectos de gestión climática con las instituciones locales pertinentes, con la infraestructura social que forman los centros sanitarios, las bibliotecas públicas, las asociaciones vecinales y los centros educativos; sería libre de formar una red local de colaboración ciudadana en la que los vecinos aportasen sus observaciones y su valiosa red de datos actualizados en tiempo real para iniciar programas de investigación sobre la salud del barrio. Este es el punto en el que dejamos de colocar piezas y empezamos a jugar.

La tecnología está preparada, y la sociedad también. Vivimos gestionando los detalles más peregrinos de nuestra vida cotidiana, desde las calorías que consumimos hasta los pasos que damos, en beneficio de empresas que los usan para explotar nuestras enfermedades, dudas y desgracias. El mercado de criptomonedas demuestra que, con los incentivos apropiados y las aplicaciones correctas, podemos empoderar a la población para ser accionistas del futuro.

El «Stack» social: resocializar las instituciones

Hay ejemplos previos de este juego en países donde la colaboración ciudadana con las instituciones es habitual. Durante dos años, un grupo coordinado de ciencia ciudadana en Hong Kong monitorizó el agua de siete ríos durante dos años con dispositivos comerciales, de forma paralela al Departamento de Protección Medioambiental de la ciudad, para testar la fiabilidad de sus conclusiones. Encontraron que los datos sobre temperatura y conductividad eran comparables a los oficiales, y que los relativos al pH, la turbiedad y los niveles de oxígeno coincidían en al menos un 70 por ciento, constituyendo un aumento de su capacidad de monitorización del entorno.[7] En Suecia y Francia, miles de estudiantes de instituto se embarcaron en proyectos de investigación conjuntos con las instituciones científicas para medir la influencia de los gases de efecto invernadero de los humedales[8] y recoger años de datos sobre los nutrientes en el agua de los ríos a lo largo de las diferentes estaciones.[9] Son experimentos aislados que dibujan la ruta hacia una posibilidad de cambio en la manera de afrontar el reto climático, a través de los bancos de datos de origen vecinal. Tanto científicos como aficionados coinciden en que el éxito de estas misiones depende de establecer objetivos concretos y procedimientos específicos, limitarlos en el tiempo y saber interpretar los datos de valor. En otras palabras, hacen falta protocolos apropiados para diseñar estos proyectos. El espacio natural para elaborar esos protocolos son los institutos donde se forman ahora las personas que, por imposición demográfica, gestionarán lo peor de la crisis climática. Pero también las bibliotecas y los ambulatorios, que pueden convertirse en los puntos de intercambio y análisis de datos de cada barrio, formando un nuevo «Stack» de carácter social.

«The Stack» es la propuesta del pensador estadounidense Benjamin Bratton para describir el modelo actual de organización técnica para la computación a escala planetaria, un milhojas de capas interconectadas e interdependientes donde la tapa inferior o base es la capa Tierra, responsable de proporcionar energía, agua y materiales al resto del sistema, y la superior es el usuario, su objetivo final. Esas dos tapas sujetan el Stack y también lo limitan, por su naturaleza material. Sin energía no hay Stack, y sin humanos este no tiene sentido. Dentro están las capas interiores, cuyo potencial de expansión es infinito. De abajo arriba, la capa Nube computa, la capa Ciudad crea y gestiona, la capa Direcciones adjudica y la capa Interfaces es donde se representa y se interpreta. Un Stack social donde cada edificio fuese un ecosistema de información autosuficiente que contuviese y procesara la información local en un servidor dedicado y donde «la Nube» sería una proyección deliberada de varios ecosistemas que se conectan entre ellos por decisión expresa de la comunidad, cuando forman parte de un proyecto conjunto. Un servidor en cada edificio podría incluir otras funciones útiles para los vecinos, como boletines de anuncios para el intercambio y la compraventa de ropa, muebles o electrodomésticos, recomendaciones de manitas locales y peticiones de ayuda como regar las plantas durante las vacaciones, vigilar a los niños en un aprieto o pasear una mascota durante una enfermedad. La existencia de plataformas como Nextdoor y su explosión durante los peores meses de la pandemia demuestran el potencial de las tecnologías para facilitar vínculos que se han desnaturalizado en el desarraigo de la ciudad, pero también otros convenientes, como compartir un lugar de reparto para las cooperativas locales o comprar entradas en grupo para aprovechar descuentos. Sería un punto de encuentro en un vacío generalizado de espacios comunes que podría conectarse a otros servidores en edificios vecinos, generando una red modular hiperlocal para los barrios, pero con el potencial de expandirse a escala municipal cuando la ocasión lo requiriese o lo mereciera. La creación de protocolos de gestión de recursos y mitigación del clima que conecten a los vecinos entre ellos a través de las instituciones del barrio no solo cambiaría la relación de los ciudadanos con la gestión de los servicios públicos, sino que también transformaría a las propias instituciones, que recuperarían o amplificarían su función social, convirtiéndose en el nodo de esas colaboraciones.

La biblioteca es sin duda la candidata perfecta, porque ya reúne todas las características necesarias. «Propongo pensar en la biblioteca como una red de infraestructuras integradas que evolucionan y se refuerzan mutuamente —escribe Shannon Christine Mattern en su imprescindible *A City Is Not a Computer. Other Urban Intelligences*—, en particular infraestructuras arquitectónicas, tecnológicas, sociales, epistemológicas y éticas que pueden ayudarnos a identificar mejor el papel que queremos que desempeñe la biblioteca y qué podemos esperar razonablemente de ella. ¿Qué ideas, valores y responsabilidades sociales podemos encajar dentro de sus sistemas materiales, de sus paredes y cables, estanterías y servidores?».

Si la idea de una red de dispositivos domésticos interconectándose de forma selectiva para colaborar con las instituciones locales en proyectos de salud comunitaria suena utópica o impracticable, hablemos del timbre inteligente de Amazon, porque es exactamente eso, pero con una diferencia notable: el control lo tiene la empresa. Ring es un timbre con cámara y sensor de movimiento para la puerta de entrada que se puede atender desde cualquier punto del globo a través de una aplicación móvil. Es una solución ingeniosa para muchos problemas habituales, como saber quién ronda tu puerta cuando estás en la cama, responder al timbre sin que nadie sepa que estás de vacaciones o gestionar la recogida de paquetes directamente con el repartidor. El *pack* con cerradura inteligente (Chime) permite incluso abrir la puerta desde la playa, el despacho o el supermercado. Además de conectarse por wifi con el resto de los productos de la familia Amazon (Alexa, Echo Show, Fire TV y la tableta Fire), Ring permite formar una red con los timbres inteligentes de otros vecinos cercanos para crear un perímetro de seguridad comunitaria en colaboración con las autoridades a través de una aplicación llamada Neighbour. Todas las imágenes que recogen las cámaras son registradas, almacenadas y analizadas por Amazon Web Services, centralizando la red de vigilancia ciudadana más grande de la historia de Estados Unidos en manos de una de las empresas más poderosas del planeta. Un ingeniero de Amazon llamado Max Eliaser dijo públicamente que el proyecto debía clausurarse de inmediato porque «el uso de una red de cámaras de seguridad domésticas que permiten que sus grabaciones sean procesadas de forma centralizada no es compatible con una sociedad libre», y añadió que los «problemas de privacidad no se solucionan con regulación y no hay un equilibrio que pueda alcanzarse» para mejorarla.[10]

Una investigación de Electronic Frontier Foundation denunció que la aplicación Ring estaba llena de rastreadores, y que cuatro de las principales empresas de análisis y comercialización recibían información como los nombres, las direcciones IP privadas, los operadores de redes móviles, los identificadores persistentes y los datos de los sensores de los dispositivos de los clientes de pago. Pronto se descubrió algo más interesante. Neighbour es una red social gratuita para vecinos que permite postear comentarios y poner avisos en un radio de ocho kilómetros del domicilio. No requiere tener un Amazon Ring. Pero, cuando un vecino denuncia un ruido o a un posible intruso en las inmediaciones, la policía puede pedirle permiso para acceder a su cámara y ver lo que pasa o ha pasado en nueve metros a la redonda. Del mismo modo, cuando la policía está investigando un incidente, también puede solicitar acceso a la red de cámaras de las inmediaciones a través de Neighbour. Esto es algo que ha ocurrido miles de veces desde su lanzamiento en 2018, según datos de la propia aplicación. Y la cesión es irreversible e irrevocable según los términos de la aplicación. A principios de 2019, *The Intercept* descubrió que las grabaciones eran enviadas por Amazon a Kiev, donde una oficina llamada R&D Center las usaba para entrenar las redes neuronales de sus sistemas de inteligencia artificial.[11]

La relación entre los vecinos y la policía es extraoficial, porque ninguna de las peticiones requiere una orden de registro, solo cumplir los términos de uso de Amazon. Ello significa que el material no está sujeto a las restricciones que acompañan a una orden de registro, incluida la utilización del reconocimiento facial en una calle o un pasillo por donde circulan libremente las personas, entre ellas los otros vecinos del bloque. De esta forma, los timbres inteligentes extienden la vigilancia policial sin el obstáculo de legislaciones como la Cuarta Enmienda, que protege el derecho inviolable de los habitantes «de que sus personas, domicilios, papeles y efectos se hallen a salvo de pesquisas y aprehensiones arbitrarias», de la misma forma que nuestros móviles han expandido la red de vigilancia de la NSA por encima de legislaciones como el Escudo de Privacidad. Aunque Ring promete a los usuarios que siempre decidirán «qué información, si la hubiese, quieren compartir con la policía», los vecinos no tienen garantía alguna de que eso sea cierto ni capacidad de negarse si un día cambian los términos. De hecho, un millar de trabajadores ucranianos han tenido acceso a las grabaciones privadas sin conocimiento previo ni permiso de los usuarios.

Los incentivos son múltiples. Primero, la amenaza del crimen y la delincuencia, muy sobredimensionada por la propaganda y las campañas tan racistas como la que desplegó Donald Trump contra la caravana de migrantes centroamericanos durante sus únicas *midterms*. Segundo, la novedad. Las aplicaciones de vigilancia doméstica pueden ser tan adictivas como Tinder, y tranquiliza ver lo que pasa alrededor de tu casa cuando no estás. Tercero, el dispositivo es mucho más barato que un contrato con una compañía de alarmas: cien dólares sin descuento, más una tarifa plana muy barata por acceso al servidor. Los incentivos sociales son evidentes; conectar con los vecinos en un proyecto común de cuidados propicia las relaciones, al menos con la gente que no se siente vulnerada por la vigilancia permanente. Finalmente, ofrece la posibilidad de colaborar con la institución apropiada en un régimen de interdependencia que garantice su disponibilidad cuando tú la necesites. Es el típico pacto irresistible en que el cliente es el producto aunque pague por el servicio, porque Amazon no gana dinero vendiendo telefonillos sino acceso a los usuarios. «La comunidad es el producto», decía Brian Chesky, el CEO de Airbnb. Entre 2016 y 2020, Ring repartió cámaras entre los policías y las comisarías para que las regalaran en los vecindarios y promocionaran Neighbour porque las autoridades son su cliente, la red de vigilancia es su producto y los timbres son solo sus caballitos de Troya para competir en el mercado del control de personas con plataformas como Palantir y Clearview. Si los vecinos conservaran la potestad absoluta sobre la infraestructura, tendrían una alternativa a las plataformas extractivas y a la homogeneización de los algoritmos que las gestionan. Pero tendrían que organizarse para debatir los términos de uso de esas tecnologías y, con ellos, decidir qué clase de comunidad quieren ser. Es más fácil someterse a la *smart city*, cuya ideología del progreso convierte a los ciudadanos en usuarios e impone la expansión y el consumo como única alternativa a la muerte de la gran ciudad.

Ciudades inteligentes: los fracasos del colonialismo digital

If people do not believe that mathematics is simple, it is only because they do not realize how complicated life is.

JOHN VON NEUMANN

La *smart city* entiende la ciudad como una plataforma cuyos objetivos son optimizar servicios, reducir gastos y maximizar la productividad de los usuarios. La explotación es al mismo tiempo antitética y apetitosa para el ejercicio de la administración de lo público, que no puede gobernar vigilando sin disminuir libertades civiles en nombre del bien común. Pero las grandes plataformas tecnológicas ofrecen infraestructuras de vanguardia a ayuntamientos en quiebra a cambio de explotar los datos de forma aparentemente benigna, para diseñar mejores servicios y darle a cada usuario lo que quiere comprar, como un atento dependiente y no un Estado paternal. En este contexto, la promesa de maximizar la productividad y la exposición personal que domina las redes sociales se convierte en una utopía de control sin grandes inversiones urbanas, de eficiencia sin personal, donde el orden, la limpieza y el ahorro se alcanzan gracias a procesos de vigilancia automáticos.

Es una visión panóptica de la administración, que impone la extracción de datos como único modo de escucha y los ojos del Estado como única visión. Consecuentemente, se manifiesta en forma de sistemas de reconocimiento facial, cuyo juicio llega contaminado por un marco de decisiones previas en organigramas racistas, sexistas o discriminatorios, o en forma de coches autónomos que circulan sin chocarse, aunque a veces atropellen a alguien porque su entrenamiento no incluye la posibilidad de que una viandante cruce la calle caminando al lado de su bicicleta en lugar de flotar sentada sobre ella. La implantación de estos modelos en los entornos sanitario, educativo y urbano tendrá el mismo impacto que tuvo sobre el ecosistema mediático y las campañas políticas; tramitar los servicios de carácter público con herramientas de extracción de datos transforma la relación entre la administración y lo administrado, deformando su función. Convierte a la ciudad en una simulación en la que las tecnologías son las protagonistas y los habitantes son puntos de un mapa, atrapados en procesos de optimización diseñados para la explotación de datos. Este modelo de Estado, que Deleuze y Guattari describen como «sobrecodificado», es el régimen de esclavitud que Lewis Mumford llama «la Megamáquina», un déspota incontestable, omnipresente pero abstracto, que solo atiende por contestador automático y cuyos «términos de uso» sustituyen a la legislación sin pasar por el Congreso. Es un golpe a la democracia disfrazado de progreso, eficiencia y comodidad.

«La tecnología es la interfaz activa de los humanos en el mundo material —responde Ursula K. Le Guin cuando la acusan de hacer ciencia ficción sobre humanos en lugar de sobre máquinas—. Pero la palabra se usa mal constantemente para referirse únicamente a las tecnologías complejas y especializadas de las últimas décadas, levantadas sobre la explotación masiva de recursos naturales y recursos humanos». Un mal uso tan arraigado que es habitual tachar de luditas a los que rechazan las tecnologías extractivas como si fueran las únicas tecnologías posibles, o solo fueran posibles cuando están alineadas con la ideología de la eficiencia del control de masas. La ideología *smart city* es la de empresas de logística como Amazon o Uber, cuyos trabajadores orinan en botellas y duermen en sus coches porque hasta sus funciones orgánicas han sido optimizadas hasta desaparecer de la ecuación. Son modelos que prometen mejorar el funcionamiento de industrias a las que transforman rápidamente con su potencia implacable para beneficio propio y descalabro general, de la venta de libros al transporte público pasando por la producción de contenidos y noticias. La humanidad —tanto trabajadores como usuarios— queda penalizada por algoritmos que gestionan el sistema para la optimización de los resultados que promete la empresa, lo que no constituye un problema para Amazon o Facebook porque pueden reemplazarlos cuando se rompen o recuperarlos con una bonificación y una app de meditación aural. Sobra gente para trabajar en sus almacenes, repartir sus paquetes y empaquetar sus productos. Para esas empresas, el objetivo último es deshacerse completamente de su plantilla humana y dejar el mundo en manos de una cadena perfecta de automatización. La ciudad no puede aspirar a deshacerse de sus habitantes para que todo sea perfecto. Su función es optimizar para el bienestar de millones de humanos en todos los estadios de su vida, incluyendo los menos productivos. Debe priorizar el cuidado y la conservación de las infraestructuras sobre la innovación, y promover valores como la inclusión, la justicia y los cuidados por encima del beneficio económico. Debe buscar la supervivencia de todos sobre la excesiva comodidad de unos pocos.

En cuanto a sus promesas, la *smart city* es un espejismo que solo existe en los folletos de las ferias tecnológicas y las charlas TED. La ideología persiste pero su implementación fracasa, incluso cuando es proyectada desde cero con un presupuesto prácticamente infinito y un fuerte apoyo local. Es el caso de Masdar City, la ecociudad amurallada a diecisiete kilómetros de Abu Dabi que Norman Foster diseñó para cincuenta mil habitantes, alimentada únicamente por energías renovables. Cero residuos, cero emisiones, cero coches; solo camellos, agua reciclada y un «Personal Rapid Transit System» que la conecta con la gran urbe. Quince años más tarde, Masdar City ha quemado toneladas de dinero, tiempo y petróleo, pero no es más que un piso piloto para atraer inversiones hacia las propuestas futuristas de compañías multinacionales y *start-ups*. La antropóloga Gökçe Günel describe la evolución del proyecto como metáfora y como realidad en su libro *Spaceship in the Desert. Energy, Climate Change, and Urban Design in Abu Dhabi*. «Promociona un universalismo exclusivista y tecnocrático, una especie de Arca de Noé que salvará a unos pocos elegidos, y produce el exterior como un vacío que no puede ser habitado». Songdodong, la ciudad de tierra recuperada al frente marítimo de Incheon, a sesenta y cinco kilómetros de Seúl, es otro piso piloto de la ciudad del futuro construido desde cero con el último grito de las tecnologías y energías sostenibles. Su promotor, Stanley Gale, la describía como la primera «City in a box». Después de veinte años, la ciudad no solo ha incumplido todas sus expectativas sino que Gale se ha querellado contra todos sus socios, incluido el Gobierno de Corea del Sur. «Yo prevendría a cualquiera que quisiera hacer algo tan ambicioso [como Gale]», afirmó Thomas Hubbard a *The Wall Street Journal*. En el continente africano, la urbe ecotecnológica ha sido auspiciada por una conocida consultora neoliberal. «La "visión" prolifera a lo largo de la región —escribió el periodista keniano Parselelo Kantai en 2013—. Casi cada país del este de África ha generado una por cortesía del Instituto Global McKinsey, al que los gobiernos africanos han delegado la tarea de soñar el futuro». La visión McKinsey se extiende de Eko Atlantic City en Nigeria a HOPE City en Ghana, Kigali Innovation City en Ruanda y Konza City en Kenia, pero también de Vision Mumbai y Hyderabad en India a PlanIT Valley en Portugal. Siempre es la misma: una ciudad levantada con dinero público para ser inmediatamente privatizada a espaldas de su población. Por un lado, por la inversión extranjera que llega atraída por grandes exenciones fiscales; por el otro, por la implantación de tecnologías extractivas y propietarias de empresas como IBM, Cisco o Siemens, que prometen controlar el gasto, reducir la delincuencia y propiciar el desarrollo de I+D a cambio de un público cautivo de residentes y trabajadores sujetos a la vigilancia permanente. Aquí la fórmula disfraza un proceso de recolonización por la vía tecnológica, una especie de capitalismo del desastre al revés.

«Al principio [las ciudades inteligentes] estaban en Asia. Luego —escribe el periodista keniano Carey Baraka—,[12] en la década de 2000, la atención se movió a los países africanos porque se veían como un mercado emergente para las tecnológicas y las compañías financieras. Después de todo, África estaba ascendiendo y estaba a punto para la explotación de la industria occidental». La visión McKinsey nunca prospera. La mayor parte de las veces, ni siquiera supera la primera fase de implementación —en la que la consultora jamás participa— y queda congelada como maqueta durmiente a la espera de una inversión que no llega. Algunas prosperan sacrificando sus ambiciones medioambientales y transformándose en comunidades de lujo para expatriados y *jetsetters*, que disfrutan de una inversión pública que nunca favorecerá a la población local. Pero todas continúan siendo promocionadas *in aeternum* por las administraciones que las financiaron como oportunidades de inversión tecnológica y administración innovadora. Otra característica de la *smart city* es que se presenta con un gran despliegue mediático, pero se apaga en la más completa oscuridad.

Los pequeños experimentos en grandes ciudades no han corrido mejor suerte. Sidewalk Toronto, la colaboración entre la ciudad de Toronto y el laboratorio de Google para «desarrollar» un bloque inteligente a orillas de la capital canadiense, fue cancelada dos años después de iniciarse el proyecto. Numerosas asociaciones de vecinos denunciaron al Ayuntamiento por delegar funciones públicas en una empresa de extracción de datos y exigieron transparencia y garantías de privacidad. La asesora de privacidad de Sidewalk Toronto, Ann Cavoukian, dimitió un año después de firmar el contrato. «Me imaginé creando una ciudad inteligente con especial hincapié en la privacidad, en lugar de una ciudad inteligente para vigilar», decía su carta de despedida. Daniel L. Doctoroff, CEO de Sidewalk Labs, anunció «con mucha tristeza y decepción» que la empresa se retiraba, argumentando que no era «viable en términos financieros» ni «compatible» con los compromisos de construir una comunidad sostenible e inclusiva. No puede construirse una *smart city* sin vigilar a la población.

No funcionaría ni aunque quisiéramos sacrificar los derechos de una ciudad entera para salvar delfines en otra parte. Parafraseando a Kate Crawford,[13] la ciudad verde inteligente no es verde ni inteligente. Hay miles de personas en cientos de oficinas haciéndose pasar por sistemas de decisión automáticos —transcribiendo textos, organizando calendarios y conduciendo coches autónomos— en países como Ucrania, India y Macedonia. Las ruedas de la automatización se mueven con sudor humano. La academia tiene un nombre para este ejército de pequeños «Turcos»:* «Potemkin AI». Además de las cuestiones de ciberseguridad que abren esas oscuras externalizaciones de la gestión de los órganos e intestinos de la ciudad, ni siquiera es

---

* En referencia al Turco mecánico, el famoso autómata jugador de ajedrez, construido por Wolfgang von Kempelen en 1769, operado secretamente desde el interior por un hombre de carne y hueso.

eficiente desde un punto de vista energético. La infraestructura que mantiene en funcionamiento esas tecnologías, incluyendo la minería y la extracción de tierras raras, los sistemas de entrenamiento de redes neuronales, el ejército de robots falsos y la Nube, consume mucha más energía de la que ahorra, generando más emisiones que la ciudad no inteligente, pero distribuida en lugares que no salen en el folleto. Como la gran máquina de captura y secuestro de CO_2 que genera más contaminación de la que captura, la *smart city* se propone como la única solución a la crisis ecológica y energética, pero solo la empeora. Es la «ontología de los negocios por la cual es obvio que todo en la sociedad, incluyendo la sanidad y la educación, debería ser manejado como un negocio» que Mark Fisher describe como «Realismo Capitalista», pero quizá mejorada. Al cambiar la realidad de la privatización por la ilusión de lo automático, el proceso queda protegido de la fiscalización democrática en la oscuridad de la caja negra. De este modo, la encarnación tecnológica del libre comercio y la desregulación puede disfrazarse de progreso.

Escribe el urbanista Adam Greenfield en su panfleto *Against the Smart City*, publicado en 2013:

> Ejemplos como estos nos indican que debemos ser escépticos con las promesas de cualquier sistema autónomo encargado de la regulación y el control de los recursos cívicos, al igual que debemos cuidarnos de creer que la aplicación de un algoritmo maestro puede resultar en una distribución paritaria y eficiente de recursos, o que la compleja ecología urbana pueda caracterizarse lo suficientemente bien con datos como para permitir la efectividad de esa clase de algoritmo en primer lugar. Lo que se sugiere aquí es una profunda incomprensión de lo que es una ciudad. Las organizaciones jerárquicas pueden tener objetivos, ciertamente, pero nada tan heterogéneo en

composición como una ciudad, y mucho menos una que se parezca mínimamente a una sociedad democrática.

Eso no significa que las tecnologías no sirvan, que la organización sea tóxica o que los datos sean inútiles para una sociedad democrática. Pero tienen que cambiar de manos para cambiar de plan.

Nubes Temporales Autónomas

> The TAZ has a temporary but actual location in time and a temporary but actual location in space.
>
> Hakim Bey, *T.A.Z. The Temporary Autonomous Zone* (1991)

En su clásico *Mil mesetas. Capitalismo y esquizofrenia*, Deleuze y Guattari proponen el concepto de *agencement*, una palabra que no tiene traducción real al castellano pero que proviene del verbo latino *ago, agis, agere*, y que significa «hacer» (el español incluye muchas de sus derivadas, como «agente», «agencia» o «agenda»). Describe una relación de cofuncionamiento entre elementos heterogéneos que comparten un territorio («El territorio crea el agenciamiento») y que no forman una infraestructura, sino un proceso que existe solo durante el tiempo necesario para el intercambio y que se negocia cada vez. «En cada agenciamiento hay que encontrar el contenido y la expresión, evaluar su distinción real, su presuposición recíproca, sus inserciones fragmento a fragmento [...] porque la expresión deviene un sistema semiótico, un régimen de signos, y el contenido, un sistema pragmático, acciones y pasiones». En la *smart city* no hay negociación porque las reglas son verticales y el territorio no se comparte. La Megamáquina aniquila la fricción.

El proceso de datificación, que transforma la información en un bien de consumo y separa el capitalismo de datos de otras fases anteriores del capitalismo, se presenta en la *smart city* como un modelo de autogobernanza de tradición cibernética, en el que la acumulación centralizada del capital (los datos) permite un control de los productores (los usuarios) a través de sus derivados (los algoritmos), sin intersticios ciegos que propicien el roce, la discordia o la revolución. Hay quien piensa que redistribuyendo los datos se democratizaría el modelo, pero el problema del capitalismo de datos no son los datos sino el capitalismo. El modelo Lanier de abrir un mercado para la compraventa de datos del usuario es como reformar el feudalismo abriendo el mercado del suelo con la propiedad privada o la esclavitud con la compraventa del tiempo del trabajador. Este modelo propietario sugiere la posibilidad de que las plataformas compartan con los usuarios los pingües beneficios de su explotación, y podría generar una burguesía de comerciantes de datos que sirva de póster aspiracional para el resto de los implicados, como los *influencers* en Instagram, YouTube o TikTok. Pero el valor de los datos individuales es muy pequeño, y venderlos legitima la extracción en un mercado que favorece a las especies más parasitarias y explotadoras del ecosistema, como hemos visto con la experiencia Bitcoin. Por otra parte, son datos diseñados para el control de personas y no sirven para otras funciones. Como dice jocosamente Benjamin Bratton, los datos no son como fresas salvajes que crecen de manera espontánea, sino un objeto epistemológico que ha sido diseñado para responder a una necesidad premeditada. La soberanía de los datos empieza por decidir qué datos serán registrados y con qué intención, para que sean útiles a nuestros propósitos.

El modelo legislativo modifica la explotación de datos interponiendo mecanismos de control entre el extractor y el productor, llenando la web de *banners* de consentimiento de datos que ahogan la navegación. Es una reforma basada en un concepto de libertades individuales, con el Reglamento General de Protección de Datos (GDPR, por sus siglas en inglés) europeo como máximo exponente, pero elude la responsabilidad social de esas decisiones y debilita el potencial político de la comunidad. Esta premisa se lee claramente en el caso del Amazon Ring o en la extracción comercial de ADN en productos como MyHeritage o 23andMe. El individuo que decide conectar su cámara o enviar su saliva a una empresa tiene que dar su consentimiento de usuario, pero los vecinos que viven permanentemente registrados por el ojo de su timbre inteligente o los familiares que comparten su ADN quedan expuestos a la explotación de datos biométricos como su cara o su información genética, sin aviso ni consentimiento previos, y sin capacidad de resistencia o denuncia. La tercera vía consiste en prohibir la divisa (los datos) para recuperar el control, retornando a una sociedad imaginaria más lenta, auténtica y «natural». En el contexto de la crisis climática, esa vía constituye un abandono de responsabilidades en la que se renuncia a las herramientas de cooperación más efectivas disponibles sin escapar a su influencia, por miedo a no saber usarlas o pereza de aprender a hacerlo. Todas esas reformas tienen atractivos e inconvenientes, pero no alteran la premisa extractiva, no garantizan los derechos civiles y no detienen la acumulación de recursos. Casi más importante es que ninguna es compatible con la clase de gestión eficiente de los recursos por parte de los poderes que dominan la economía que necesitamos para garantizar la calidad de vida del mayor número de personas posible.

Un régimen comunitario de gobernanza con datos no necesita imitar el modelo panóptico de las empresas tecnológicas, en el que los usuarios son cascadas de datos que desembocan en la gran Nube con el fin de ser agrupados por características demográficas para su explotación comercial. Pueden ser estrictamente locales, agruparse por afinidades geográficas y tener un valor relacional, como vehículo para crear relaciones de interdependencia a través de ejercicios puntuales y de mutuo acuerdo para investigar aspectos concretos de la infraestructura e impulsar cambios de comportamiento con un objetivo común. Aquí los datos permanecen con la comunidad que los genera, que los usa como *feedback* para su autogestión, pero son compartidos de mutuo acuerdo cuando la ocasión lo requiere o lo merece. Este modelo federado no solo es posible sino que tiene un precedente en la Oficina de Datos de la ciudad de Nueva York, cuya estrategia fue sustituir la vigilancia ciudadana por un número de teléfono para canalizar las preguntas y quejas de los vecinos sobre los servicios de la ciudad.

El 311 es un 091 para no emergencias. Los neoyorquinos llaman para quejarse del vecino ruidoso, avisar de una farola rota, preguntar por una multa de aparcamiento o denunciar a un casero tróspido. Recibe una media de cincuenta mil llamadas diarias en una ciudad de nueve millones de habitantes: una cascada de información. Es una base de datos deliberada, voluntaria e inspirada por un objetivo concreto que ayudó a gestionar Nueva York en colaboración con los de los diferentes departamentos de la ciudad. La Agencia de Medioambiente detectó que el primer día de calor tiene un fuerte impacto en la atmósfera porque un gran número de neoyorquinos renuevan, compran o encienden sus aires acondicionados a la vez. La de Sanidad descubrió qué restaurantes carecían de rigor sanitario gracias a las quejas por intoxicaciones y desarticuló un mundo de clubes clandestinos gracias a la concentración de borrachos ruidosos en sus portales. La de Transportes mejoró sus conexiones tras conocer los picos de densidad de viajeros en las paradas y arregló las señales de tráfico mal configuradas que causaban colisiones leves. Si las grandes tecnológicas analizan la cascada de datos para detectar problemas, Nueva York aprendió a hacerlo al revés, a empezar por el problema para definir los datos que necesitan; a reemplazar la extracción masiva y continua de datos por un proceso de pesca muy definido y puntual.

La gestión de las ciudades requiere un conocimiento profundo de las infraestructuras, un privilegio que puede estar restringido a las agencias especializadas que manejan los diferentes departamentos, desde la vivienda hasta la sanidad pasando por el tráfico o los jardines. Cada uno de esos departamentos genera datos estáticos, como el mapa de la infraestructura, su red de distribución y sus puntos de suministro, y datos dinámicos que se actualizan en tiempo real, como la cantidad, calidad y naturaleza del contenido que se distribuye —agua, electricidad, basura, tráfico— y sus patrones de reparto. Es información golosa si preparas un atentado o un ataque malicioso y, a diferencia de un puente o un árbol, puede acabar en un número potencialmente infinito de lugares a la vez sin que falte en los repositorios originales; por eso está alojada en servidores de máxima seguridad y mayormente desconectada de la red. En lugar de abrir el grifo de datos de todos los departamentos para centralizarlos, como propone la *smart city*, la Oficina de Datos de Nueva York trabajó con la empresa de inteligencia de mapas ESRI para desarrollar la plataforma Citywide Intelligence, capaz de indexar los metadatos (la descripción de los datos) de todas las agencias sin poner en peligro los datos de verdad. De este modo, el proceso de gestión se parece más al de una biblioteca; empieza por definir el problema y hacer las preguntas apropiadas para resolverlo. Después pueden usar el inventario para localizar el dato preciso y recibirlo bajo demanda en una transacción encriptada una sola vez.

En el verano de 2015, un fuerte brote de legionela empezó a matar gente. Mientras ponía en cuarentena la zona donde estaban las personas infectadas, el Departamento de Salud descubrió que la bacteria había estado incubándose en las torres de aire acondicionado de los edificios, sistemas industriales de refrigeración evaporativa que producen una niebla que llega a los pulmones de la gente, causando neumonía. Pero no tenían un mapa de esas torres, que eran de gestión privada. «Aquí descubrimos algo llamado "datos *proxy*" —cuenta Amen Ra Mashariki—. Son bases de datos diseñadas para describir una cosa concreta pero que, por accidente, te sirven de puente para identificar otras cosas». El departamento financiero tenía la lista de las torres de refrigeración de los últimos años porque instalarlas implicaba abonar un impuesto que el departamento procesaba, generando la base de datos. Era incompleta, pero, correlacionando las restricciones conocidas (ningún edificio de menos de siete plantas puede instalar esas torres), el vector de las infecciones y el historial de quejas sobre aires acondicionados que tenía el 311, pudieron construir rápidamente un mapa con los puntos de distribución de la legionela y cortarlos de golpe sin perturbar demasiado la vida de la ciudad. Todo ello gracias a la cesión voluntaria y puntual de los datos de todos los interesados, de los vecinos a las agencias, y a la coordinación del Ayuntamiento con un objetivo preciso.

Ese precedente creó un protocolo para futuras infecciones similares. Su dato estático es el mapa de la actuación probable de la bacteria y el dinámico es la relación entre las incidencias del 311 y el sistema de alertas infecciosas de los hospitales de la ciudad, capaz de avisar de una posible crisis sanitaria sin poner una aplicación de rastreo en el teléfono de todos los habitantes. El sistema de alianzas con las agencias permite que mantengan un control total sobre sus datos y garantiza la necesidad de su consentimiento en el uso de estos una vez que entienden dónde y cómo van a ser usados, sin renunciar a una visión general del conjunto e incentivando una colaboración más profunda y deliberada entre los distintos agentes de la ciudad. En el proceso de crear la plataforma aprendieron el valor de las piezas; los datos de salud, transporte y seguridad vial son las más fundamentales, pero el departamento financiero es el que tiene los datos *proxy* que sirven de puente a todo lo demás, porque centraliza los presupuestos y los impuestos de todos. También aprendieron que todo lo que ocurre en la ciudad suele hacerlo en un lugar, no en una clase de lugar.

Su experiencia demuestra que podemos crear protocolos de actuación flexibles, capaces de adaptarse a contextos nuevos que afectan a todos los aspectos de nuestras vidas, de la salud a la escolarización pasando por la producción alimentaria, sin renunciar a la soberanía de los datos locales. Es posible crear una relación simbiótica entre los vecinos, las instituciones y las empresas a través de vasos comunicantes por los que fluye la información y donde las crisis se gestionan de forma colectiva. Mi propuesta es que las instituciones alojen Nubes Temporales Autónomas donde los datos puedan coincidir durante el tiempo suficiente para resolver una crisis o crear un protocolo adecuado, y que se disuelvan una vez cumplida su función.

La metáfora podría parecer confusa, porque propone lo opuesto a las Zonas Temporales Autónomas que le sirven de inspiración. El icónico ensayo *T.A.Z. The Temporary Autonomous*

Zone, publicado por el poeta visionario norteamericano Hakim Bey, describe espacios liminares que se abren para escapar de las estructuras formales de control social y estatal. En este caso, el espacio se abriría para favorecer un acceso del Estado a datos que son de la comunidad. Pero quiero incidir en su naturaleza de corredor fugaz en el que se da un encuentro extraordinario, la manifestación menos cotidiana del «agenciamiento» de Guattari y Deleuze que se disuelve antes de poder convertirse en mercado, casino o herramienta de control social, pero cuya experiencia —cuando es exitosa— deja un protocolo de actuación de crisis. Escribe Bey:

> Tan pronto como TAZ es nombrado (representado, mediado), debe ser disuelto dejando atrás una cáscara vacía, solo para florecer de nuevo en alguna otra parte, de nuevo invisible en términos de espectáculo. El TAZ es por tanto la táctica perfecta para una era en la que el Estado es omnipresente y todopoderoso y al mismo tiempo está lleno de grietas y vacíos. Y porque TAZ es un microcosmo del «sueño anarquista» de la cultura libre, no puedo pensar en una táctica mejor que trabajar hacia un objetivo y al mismo tiempo recibir los beneficios del aquí y el ahora.

También es descrita como una «máquina de guerra nómada» que se mueve antes de ser registrada en la última actualización del mapa. «Por lo que concierne al futuro, solo los autónomos podrán planificar la autonomía, organizarla, crearla. Es una operación que se autoinicia, fundacional. El primer paso tiene algo de *satori*: la realización del TAZ comienza con el simple acto de su realización».

Como el TAZ, la Nube Temporal Autónoma es «un espacio real pero temporal en el tiempo y un lugar real pero temporal en el espacio». Podemos imaginar un servidor gestionado con algo parecido a la plataforma de inteligencia de ciudad, a escala de barrio, que hace de nodo en un ecosistema federado para la gestión de datos de vecinos, el Gobierno, las empresas implicadas y el resto de las instituciones. Idealmente sería instalada en una institución diseñada para intermediar localmente, como la red de bibliotecas, por los motivos que ya explicamos antes, o, si quisiéramos crear una red todavía más distribuida, con subnodos especializados en aspectos concretos. Por ejemplo, la gestión sanitaria tendría subnodos en la red de ambulatorios, y la gestión de los jardines, la restauración y las zonas comunes, en las asociaciones vecinales. Las Nubes Temporales Autónomas de cada comunidad tendrían capacidad de trabajar en red, proyectando el cruce de datos necesario para resolver una crisis o para generar un estudio o protocolo en una nube fugaz; y la posibilidad de ampliar su ambición a escala regional e incluso nacional en las ocasiones verdaderamente extraordinarias. Las organizaciones de vecinos podrían coordinarse para hacer estudios comparativos entre barrios, pero también entre ciudades, para elegir cuál les conviene. Por ejemplo, cotejando la calidad del aire desde la expansión de zonas de bajas emisiones que propone la ciudad de Barcelona frente a la circulación de coches menos contaminantes que propuso Madrid Central. Testar la actuación de los distintos municipios ayudaría a la ciudadanía a participar en las decisiones de forma activa, informada y consecuente para poder planificar y gestionar áreas que impactan de manera determinante sobre el calentamiento global: urbanismo, movilidad o medioambiente, entre otras.

La tecnología existe, pero también modelos técnicos que cumplen todas las características descritas, más sencillas y menos comerciales que la propuesta de ESRI para la ciudad de Nueva

York. Las DAO, el concepto de Organización Autónoma Descentralizada claramente inspirada en las TAZ que ha surgido en la comunidad *crypto*, permiten crear protocolos (en su particular retórica, *smart contracts*) capaces de activarse en caso de crisis, tras una experiencia inicial satisfactoria para todos los implicados, sin necesidad de pasar por una autoridad central. Un simple servidor comunitario podría bastar, con aplicaciones destinadas a gestionar esos datos y hacer red con los otros edificios para que los vecinos puedan experimentar con sus propios modelos de gestión internos sin tener que negociarlos con nadie más. La hegemonía es crucial para la *smart city*, pero los observatorios pueden seguir la accidentada senda del primer internet y dejar que los protocolos unan un bosque de árboles y plantas muy diverso y heterogéneo. Incluso pueden convertirse en su propio internet.

Hay múltiples dispositivos diseñados para crear redes *mesh* («malla») de proximidad que permiten hacer red directa entre los vecinos, desde aplicaciones que usan el *bluetooth* o el wifi del móvil, como Zello Walkie Talkie o Bridgefy, hasta instalaciones de *router* y antenas, incluida la fabulosa goTenna, una antena de bolsillo compatible con Android y Apple iOS que permite abrir chats, enviar mensajes de texto y conocer la ubicación de todos los nodos de forma segura y cifrada dentro de la comunidad. Son muchas las fórmulas que permiten la creación de un internet local instantáneo fuera del internet convencional, la mayoría con tecnologías que ya tenemos en casa o en el bolsillo. Es un recurso crucial cuando el servicio se cae por eventos meteorológicos, por orden del Gobierno, por una incidencia en las instalaciones de los proveedores o por un ciberataque. También cuando queremos compartir recursos con todos nuestros vecinos de manera directa, sin que se entere nadie o salgan de la comunidad, o tener abierto un chat durante un confinamiento que no pase por los servidores de Jeff Bezos, Mark Zuckerberg o Tim Cook.

En España existen marcos de referencia institucionales capaces de ayudar a construir esa clase de infraestructura. Decode, la plataforma interdisciplinar europea creada por Francesca Bria, está diseñada para financiar sistemas de gestión horizontal de datos y derechos digitales fuera de la lógica extractivista de las plataformas de Silicon Valley, y ha recibido millones de euros europeos. También hay ONG como Ideas for Change impulsando proyectos que implican a la ciudadanía en la producción de datos y la construcción de relatos comunes basados en la evidencia científica para promover la mejora de la calidad de vida en la ciudad. El Centro de Resiliencia Planetaria de Estocolmo explora modelos de organización que incentivan la colaboración entre las instituciones públicas, las empresas privadas y las personas para la gestión local y coordinada de los recursos comunes; es la estrategia más apropiada para mitigar, retrasar y potencialmente corregir los efectos de la crisis climática. Si un grupo de aventureros excéntricos pudo crear un consorcio internacional para explorar las regiones polares en 1879, es posible que en los próximos cinco años haya suficientes comunidades de autogestión colectiva para celebrar el Año Geofísico Municipal. Y es posible que los edificios, vecindarios y colectivos de investigación puedan compartir proyectos, comparar resultados y competir en un ambiente festivo de innovación colaborativa, sin esperar a que se acabe el agua o nos quedemos sin suministro eléctrico durante una nevada o una ola de calor. Si existen las olimpiadas de salto con pértiga puede existir un concurso de gestión del clima capaz de desafiar a Eurovisión.

Interdependencia: fricción + cuidados

En *A Paradise Built in Hell*, Rebecca Solnit habla de «las extraordinarias comunidades que nacen del desastre» en eventos tan lejanos como el terremoto de San Francisco en 1906 y la explosión de Halifax en 1917,[14] o de experiencias tan televisadas, y por lo tanto cercanas, como el ataque a las Torres Gemelas o el huracán Katrina que destruyó Nueva Orleans en 2005. Solnit describe esas comunidades que surgen naturalmente de la muerte en masa, la desorientación y la pérdida como sociedades utópicas que, con el tiempo, se convierten en redes de cooperación más permanentes. Esas zonas temporales autónomas, que nacen en los vacíos que dejan los servicios de emergencia superados, las infraestructuras rotas y los gobiernos deshechos, y derivan en una especie de «comunismo del desastre» en el que triunfa la solidaridad, ya existen, pero es importante reconocer que son más probables donde ya hay lazos que unen a la comunidad. Reconocer que los desastres climáticos pueden transformar las ciudades hacia formas de convivencia más justas, comunitarias y respetuosas, pero no tienen por qué. Como sucede con las familias, los matrimonios y los negocios, las crisis reavivan y refuerzan el afecto donde ya existe y destruyen los espacios donde no lo hay. En ausencia de gobiernos legítimos y comunidades consolidadas, la desgracia conduce más al desembarco del capitalismo del desastre que a un ecologismo espontáneo. El caldo de cultivo para producir comunidades fuertes es una mezcla de espacios compartidos, debates abiertos, rituales consistentes y oportunidades de fricción.

En Dinamarca, por ejemplo, es habitual que los edificios tengan un par de lavadoras de uso comunitario, cuya utilización negocian los vecinos rellenando los tramos horarios en un calendario colgado en la puerta. Esto les ahorra espacio en sus propias casas, además de energía y agua, y les proporciona un punto de encuentro para compartir otros recursos, como muebles usados, juguetes o ropa infantil. O simplemente para conocerse, aunque unos sean propietarios y otros vivan de alquiler. También genera algunas discusiones cuando alguien usa más recursos de lo que le corresponde. La sociedad danesa ha aprendido a resolver esos problemas por exposición, mientras que el resto del mundo desarrollado ya no sabe negociar ni el uso de los pronombres. Hace veinte años que las plataformas digitales nos sacaron del lugar donde estábamos para conectarnos con personas que escuchan las mismas canciones que nosotros, que compran las mismas botas, que leen los mismos libros y que votan al mismo candidato. Cada vez vivimos más inmersos en un mundo sin fricción ni compromiso, donde no hay nada que negociar. El precio que pagamos es la pertenencia a la verdadera comunidad, que es la gente que se queda sin agua cuando tú te quedas sin agua.

Administrar recursos comunes de forma comunitaria genera fricciones. Cualquiera que haya ido a una reunión de vecinos, esté suscrito a un grupo de familias del colegio o forme parte de una cooperativa sabe que no es un modelo tan eficiente como pagar por un servicio y conformarte con lo que te den. Negociar nos obliga a pensar más allá de nosotros mismos y a exponer nuestros valores y convicciones a la meteorología variada de las convicciones y valores de otros. La falta de fricción nos vuelve blandos e hipersensibles a la crítica, una patología que domina el debate público y que ha contaminado los procesos democráticos hasta la aniquilación. El individualismo capitalista y la hipersegmentación de las relaciones sociales nos han ido atrofiando el músculo de la acción colectiva. Queremos consenso sin debate, confianza por diseño, eficiencia sin discusión. Cada vez somos más débiles y estamos más solos. Sin diversidad no hay resiliencia y sin roce no hay comunidad.

Tras la ola de calor que mató a casi mil personas en Chicago en julio de 1995, el Centro para el Control y la Prevención de Enfermedades de Estados Unidos estudió el perfil de las víctimas para generar un informe de riesgos en caso de un fenómeno de estas características. Predeciblemente, descubrieron que la pobreza y la raza eran factores determinantes. La falta de aire acondicionado, también. Las personas más vulnerables vivían solas, salían poco, carecían de vehículo para trasladarse y no tenían familiares cerca. Pero encontraron también una anomalía. Con ese retrato robot, las víctimas tendrían que haber sido principalmente mujeres, porque son las que dominan ese espacio demográfico en las grandes ciudades. Sin embargo, murieron el doble de hombres que de mujeres. «Esta es una de las sorpresas que surgieron mientras me informaba sobre la ola de calor de Chicago —explicaba Eric Klinenberg, autor de *Heat Wave. A Social Autopsy of Disaster in Chicago*, en la promoción del libro—.[15] Para entenderlo tenemos que observar la clase de relaciones que las mujeres mayores retienen pero que los hombres mayores tienden a perder». No solo por su carácter sino por lo que Klinenberg llama el «ecosistema social» de las grandes ciudades, una cultura del miedo que hace que los ciudadanos sean reacios a confiar en sus vecinos, el abandono de los residentes menos «productivos» y el estado de los apartamentos de una sola habitación y en edificios de renta baja. «Ninguna de esas condiciones urbanas aparece en las autopsias o en los informes oficiales como causa de muerte por ola de calor», pero son las emergencias cotidianas a cámara lenta que se aceleran con una pandemia, una crisis económica o un incendio. Los observatorios vecinales son buenas herramientas para diagnosticar esas emergencias cotidianas y el marco apropiado para diseñar protocolos de adaptación, no solo climática sino también social.

UN EJÉRCITO CIVIL CONTRA EL CAMBIO CLIMÁTICO

En su última entrega antes de finalizar este libro, *Climate Change 2022. Impacts, Adaptation and Vulnerability*, el panel de expertos del IPCC advierte de la burbuja de propuestas de mitigación del clima y de la ausencia de suficientes planes de adaptación. «Está claro que tenemos que invertir en adaptación porque la tendencia negativa [que ya ha empezado] continuará hasta 2060, independientemente de nuestro éxito —explicaba Debra Roberts, copresidenta africana del grupo, durante la presentación del informe—. Es veinte veces más barato mitigar que vivir con el cambio climático». El planeta no está preparado para lo que viene, aunque sabemos que viene. Irónicamente, es el informe con menos presencia mediática desde que empezó el proyecto, en agosto de 2021, porque llega a un planeta distraído con la guerra de Ucrania. Hay preocupación por la exportación de grano ucraniano y por los hidrocarburos y minerales rusos, intensificada por una avalancha de desinformación. Los supermercados han empezado a racionar el aceite de girasol ante un posible desabastecimiento. Parecen problemas diferentes, pero no lo son. «El cambio climático inducido por el hombre y la guerra en Ucrania tienen la misma raíz: los combustibles fósiles y nuestra dependencia de ellos», dice Svitlana Krakovska, jefa de la delegación ucraniana en una reunión de Naciones Unidas. También tienen las mismas consecuencias: desplazamientos masivos, degradación democrática, crímenes contra la humanidad.

La invasión de Ucrania ha convertido a Rusia en la nación más penalizada del mundo, con 2.778 nuevas sanciones, aunque siguen sin imponerse por incumplir los compromisos climáticos. Como dice Daniel Kahneman, son cosas que no se nos dan bien.

Hay desarrollos urbanos que el informe califica de «maladaptativos», intervenciones para gestionar la crisis climática que a la larga agravan el problema que quieren mitigar. La carretera de circunvalación costera de Bombay, que incluye un túnel submarino de tres kilómetros de longitud provisto de dos tubos con dos carriles, un carril de emergencia en cada sentido y un pozo de bombeo, está pensada para proteger el tráfico de la subida del nivel del mar, pero condena a la fauna y la flora costeras y a la pesca local. La cuarta ciudad más grande del mundo fue fundada por colonias de pescadores, pero es la capital comercial de India y uno de los diez mayores centros financieros del planeta. Yakarta, construida sobre tierras pantanosas, atravesada por trece ríos y lamida por el mar de Java, construye un espigón de treinta y dos kilómetros en la bahía y diecisiete islas artificiales como seguro contra su imparable hundimiento. La Gran Garuda, que cuenta con el apoyo de los gobiernos de Países Bajos y Corea del Sur, no podrá acoger a la totalidad de sus diez millones de habitantes y aumenta el riesgo de inundaciones en los barrios más pobres de la ciudad. Las dos ciudades se preparan para el futuro sacrificando a gran parte de sus habitantes, una evolución hacia el modelo de ciudades burbuja como Dubái y Singapur. Una buena estrategia de adaptación incluye tecnología, pero no es tecnología, implica a todos los habitantes y encara la crisis en las ciudades que ya tenemos, no en las que podríamos tener.

El informe destaca el ejemplo de Ahmedabad, la ciudad del oeste de India donde mueren miles de personas durante las olas de calor húmedas que describe *El Ministerio del Futuro*. Su protocolo de «preparación para las temperaturas extremas» incluye un sistema de alerta temprana (el primero en el continente sudasiático) y estrategias de protección específicas para comunidades vulnerables como los asentamientos informales y los trabajadores de la construcción. Entrena a las instituciones locales, incluidas las autoridades, los centros de atención sanitaria y las escuelas e institutos, para ejecutar las medidas de prevención de riesgo. Hay un plan de acción con instrucciones precisas, actividades y protocolos para todos los niveles de alerta por calor. El ejemplo más testado de esta clase de protocolos se dio en Cuba, la isla que se convirtió hace treinta años en un ejército civil contra el huracán.

La media anual de «acontecimientos climáticos» en la cuenca del Atlántico es de doce tormentas tropicales y seis huracanes de categoría entre 3 y 5. Aunque los cubanos están más cerca de la ruta del ciclón, en la isla caribeña casi nunca hay muertes. La razón es un sistema de cooperación masiva llamado Defensa Civil, un programa nacional de prevención, evacuación, salvamento y recuperación que implica todos los años a toda la población. Hay instituciones como el Instituto Nacional de Investigaciones Sismológicas, que tiene 68 estaciones de vigilancia permanente y que constituye el sistema de alerta temprana que activa al cuerpo de Defensa Civil. El jefe del Estado Mayor Nacional de la Defensa Civil gestiona la operación con ayuda de la red de radioaficionados cubana, mucho más robusta y fiable que la red telefónica o internet. Finalmente, los cubanos se convierten en un ejército civil con cargos a escala provincial, municipal y local, pero también en cada barrio, manzana y calle. Aunque se activa solo durante las crisis, se entrena todos los años desde 1986.

El Ejercicio Meteoro es un simulacro de huracán que tiene lugar cada año, justo antes de la temporada ciclónica, y sirve de adiestramiento para las medidas de prevención y contención de peligros y para las maniobras de protección y evacuación. También sirve de inventario. Durante los tres días que dura, se comprueban los sistemas de aviso, se actualizan los sistemas sanitarios y se racionalizan recursos como el agua, la energía y la comida. Los vecinos se organizan para labores de prevención directa alrededor de su bloque, desde asegurar ventanas y tejados hasta podar árboles cuyas ramas pudieran ser peligrosas al paso del ciclón. También hacen limpieza y desbrozo de cuevas, alcantarillas y túneles donde pueda acumularse el agua y otras actividades de mitigación. Todo el mundo tiene una tarea. Los niños tapan grietas en las ventanas, empaquetan comida, acumulan mantas y aprenden dónde están los ancianos y las personas con movilidad reducida del edificio, con vistas a acompañarlos al punto de recogida para ir al refugio.

Cuando llega un huracán y se activa la Alerta Ciclónica, todo el mundo sabe cuál es su tarea, qué albergue le corresponde y con quién tiene que ir. El sistema de comunicaciones por radio emite boletines informativos sobre el ciclón, junto con las instrucciones del jefe del Estado Mayor. Los responsables de cada distrito tienen todos los recursos del Estado a su disposición. Los enfermos, impedidos y ancianos son evacuados primero, en colaboración con la comunidad médica. Los turistas son trasladados de su hotel o *resort* a otro establecimiento que quede fuera del área de peligro. Los animales son llevados a lugares seguros, con agua y comida suficientes. Los cubanos con refugios subterráneos acogen a sus vecinos. Los demás tienen un sitio asignado en un refugio local. La idea es que nadie quede desamparado ni desprotegido. La prioridad es salvar vidas, por encima de cualquier otra consideración. Una vez pasa el peligro, las tareas de recuperación incluyen análisis y reporte de daños, limpieza y reconstrucción, y un nuevo reparto de recursos para los más afectados. Los vecinos más afortunados ayudan a los menos afortunados. Hasta el viejo más improductivo, enfermo y solitario entra dentro de la comunidad.

Todo empezó con la fatídica visita de Flora en 1963, un huracán de categoría 4 que mató a más de mil quinientas personas. «Desde entonces en Cuba el huracán es tratado como un enemigo imperialista —me explicó hace años el ensayista cubano Iván de la Nuez—. Se lidia con él militarmente y Fidel Castro en persona se ponía al frente de la batalla». Es interesante escuchar la explicación del propio Castro en 1967, en un discurso «a los compañeros y compañeras de los Comités de Defensa de la Revolución». «Esos fenómenos no ocurren con frecuencia —dijo el Comandante—, pero debemos estar preparados cada vez más y cada año más contra esos fenómenos naturales: sequías, ciclones, inundaciones. [...] Cada uno de estos fenómenos deja una lección». La lección es el protocolo que ha salvado miles de vidas en las últimas décadas en un país pobre que se une contra la catástrofe sin necesidad de Facebook, Twitter, Google Maps o Slack.

ENCONTRAR EN EL INFIERNO LO QUE NO ES INFIERNO

Hay quien piensa que el protocolo antihuracanes de la isla de Cuba es inseparable de su régimen político. Podría ser. A pesar de eso Russel Honoré, el jefe del comando especial en Nueva Orleans durante la crisis del Katrina en 2005, que trabajaba para el Gobierno de George W. Bush, dijo a la prensa que todos teníamos mucho que aprender de Cuba. «A pesar de ser un país pobre, con retos económicos de todo tipo, hacen un excelente trabajo en la prevención y el acometimiento de los daños por huracanes. Se podrá decir que eso sucede porque es un país comunista controlado. Pero, al mismo tiempo, debe reconocerse que la gente invierte una extraordinaria cantidad de tiempo preparando la prevención de daños a las propiedades y los seres humanos». También hay algo importante en la retórica militar. Algo relacionado con las formas arcaicas del pensamiento, los mitos que cuentan quiénes somos en un mundo que ha perdido el rumbo y, con él, la identidad.

En «El equivalente moral de la guerra», un ensayo basado en una conferencia que pronunció en la Universidad de Stanford en 1906, William James observa que la guerra es repugnante y que nadie quiere repetirla, pero que las guerras del pasado han plantado en nosotros valores que extrañamos amarga y violentamente cuando nos faltan. «Nadie piensa que el patriotismo es desacreditable, y nadie niega que la guerra es el romance de la historia. Pero las grandes ambiciones son el alma del patriotismo y la posibilidad de una muerte violenta es el alma del romance. Aquellos patriótico-militares y de sensibilidad romántica, especialmente en la clase militar profesional, se niegan a creer que la guerra sea un fenómeno transitorio dentro de la evolución social. La noción de un paraíso de ovejas como ese repugna, dicen, a nuestra alta imaginación. ¿Dónde estarían las vicisitudes de la vida? Si la guerra acabara habría que reinventarla, según su punto de vista, para salvar nuestras vidas de una vulgar degeneración». El ejército y la guerra parecen ofrecer valores y hermandad a quien no los tiene, en un marco de sacrificio y disciplina que no glorifica el martirio sino la acción y la violencia. Esa visión romantizada de los conflictos que forjan voluntades rechaza un mundo «en el que los destinos de las personas no serán ya nunca decididos rápida, excitada y trágicamente por la fuerza, sino solo de forma gradual e insípida por la evolución», incapaz de «imaginar el supremo teatro del vigor humano cerrado, y las espléndidas aptitudes humanas para la guerra condenadas a un estado de permanente latencia. [...] Uno no puede responder de forma efectiva contraponiendo el precio de la guerra y el horror. El horror es lo que emociona».

Con su agudeza habitual y una sensibilidad precozmente contemporánea, James parece explicar la naturaleza de los ensayos bélicos contemporáneos propiciados por las redes sociales, el heroísmo que conmueve a las sectas que se arremolinaron frente al Capitolio de Washington en enero de 2021, movilizadas en campañas oscuras desde los grupos de Facebook y Telegram, noveladas a través de Instagram, YouTube y TikTok. También domina los foros de inversión de criptomonedas, donde los *hodlers* son soldados y guerreros, las inversiones más suicidas se cuentan como hazañas heroicas en forma de baladas legendarias y los memes de *300* y de *Braveheart* encienden un sentimiento de guerrilla de locos que lucha contra el imperio de Wall Street, aunque en realidad Wall Street sea el casino que pone las fichas, las copas y probablemente muchos de los memes para incentivar el derroche. Todos estos soldados sin guerra están buscando familia, certezas y un sucedáneo de trascendencia en un mundo que ya no tiene sentido. Podríamos ofrecerles algo mejor.

En la guerra, observa H. G. Wells, el hombre contemporáneo abandona el mundo dominado por la publicidad engañosa, el acoso, la mentira, la infravaloración y el desempleo para entrar en un plano social superior, en una atmósfera de servicio y cooperación y de posibilidades infinitamente más honorables. El «equivalente moral» de la guerra que propone James es un servicio nacional, «un reclutamiento de la población más joven para que forme parte de un ejército contra la naturaleza» en el que se disuelvan las desigualdades y se forjen las virtudes trabajando juntos en las minas, construyendo túneles, trenes y rascacielos, lavando ropa, platos y ventanas. Al final del trayecto «habrían pagado su impuesto de sangre, habiendo contribuido a la batalla inmemorial de los humanos contra la naturaleza, y caminarían la tierra con más orgullo, las mujeres los tendrían en más alta estima, serían mejores padres y maestros para la próxima generación». Ha pasado más de un siglo y nuestra batalla inmemorial contra la naturaleza nos ha llevado hasta el borde de la extinción. Pero seguimos necesitando habitar un plano social superior, en una atmósfera de servicio y cooperación y de posibilidades infinitamente más honorables.

La crisis climática no es un problema técnico, porque tenemos los medios técnicos para resolverla, y tenemos la información. Tampoco es un problema retorcido sobre cuya definición no hay consenso o en el que hay competencia excluyente entre las autoridades que lo definen. Es un problema complejo, porque existe consenso entre las autoridades científicas de todo el mundo sobre su origen, sus causas y agravantes, y existen los instrumentos científicos capaces de monitorizar su estado y evolución, pero requiere una estrategia de soluciones múltiples, a veces contradictorias, en lugar de una sola grande. Como dice Thomas Kuhn, la revolución no está solo en el descubrimiento sino en las prácticas, los objetivos, las normas de procedimiento y los criterios de evaluación.

Como ciudadanos, es improbable que podamos cerrar las plantas de carbón y de acero de China, Europa y Estados Unidos. Tampoco podemos acabar con la minería, la ganadería intensiva y la deforestación mientras estén en manos de gobiernos que votamos cada cuatro años, de las grandes multinacionales que financian sus campañas, de las instituciones financieras y de los grandes fondos de inversión. Pero no estamos completamente perdidos e indefensos. Podemos empezar por la gestión de los recursos más necesarios y limitados, como el agua y la energía, abriendo un cuarto para compartir la lavadora. Podemos buscar cooperativas vinculadas al contexto climático y ser parte de su red de sensores capaces de identificar, evaluar, aprender, corregir y proponer. Podemos ser el primer satélite para un observatorio colectivo del clima en nuestro edificio, coordinado a través de instituciones educativas, militares y sanitarias. Podemos convertirnos en un ejército civil contra la crisis climática, aprendiendo a ser mejores vecinos con todos nuestros vecinos, incluyendo al resto de las especies con las que compartimos el planeta. Los que se quedan sin agua cuando nos quedamos sin agua. Nuestra verdadera comunidad.

Notas

1. Mitos

1. Génesis 6, 14-17.

2. En castellano, Zaratustra.

3. Juan 3, 12: «No seas como Caín, que era del demonio y asesinó a su hermano. ¿Y por qué causa le mató? Porque sus obras eran malas, y las de su hermano eran justas».

4. Joseph Campbell, *El héroe de las mil caras. Psicoanálisis del mito*, FCE, 1959.

5. Henry Gee, *A (Very) Short History of Life on Earth. 4.6 Billion Years in 12 Pithy Chapters*, St. Martin's Press, 2021 [hay trad. cast.: *Una (muy) breve historia de la vida en la Tierra*, Indicios, 2022].

6. Entrevista con Indre Viskontas en su pódcast *Inquiring Minds*, 20 de diciembre de 2021.

7. C. G. Jung, *Collected Works. Vol. 8: The Structure and Dynamics of the Psyche*, Routledge, 1970.

8. «Cómo podríamos pensar» se publicó por primera vez en la revista *The Atlantic* en julio de 1945.

9. Benjamin Bratton, *La terraformación. Programa para el diseño de una planetariedad viable*, Caja Negra, 2021.

10. James A. van Allen, «Is Human Spaceflight Obsolete?», *Issues*, vol. XX, n.º 4 (verano de 2004).

11. Peter Galison, *Black Holes. The Edge of All We Know,* 2020.

12. El astronauta de The Martian sufriría de cáncer si la misión fuera real, dice su autor», *Scientific American* (en español), 5 de octubre de 2015.

13. <www.nature.com/articles/371065a0>.

14. Rosalind Williams, *Retooling. A Historian Confronts Technological Change*, MIT Press, 2003.

15. Amos Tversky y Daniel Kahneman, «Advances in prospect theory: Cumulative representation of uncertainty», *Journal of Risk and Uncertainty*, 1992.

2. Máquinas

1. El parámetro «ppm» da la medida de la concentración de un elemento, la cantidad de unidades de esa sustancia por cada millón de unidades del conjunto en el que se encuentra. En este caso, partes de CO_2 por millón de moléculas de aire.

2. Dan Tong *et al.*, «Targeted emission reductions from global super-polluting power plant units», *Nature Magazine*, 8 de enero de 2018.

3. Ben Soltoff, «A step forward for CO_2 capture», *Tech Crunch*, 3 de diciembre de 2021.

4. Elizabeth Weil, «This isn't the California I married», *The New York Times Magazine*, 22 de enero de 2022.

5. «El estado de las tierras y territorios de los Pueblos Indígenas y las Comunidades Locales», publicado en julio de 2021, fue elaborado por la Asociación Latinoamericana para el Desarrollo Alternativo (ALDEA), Coordinadora de las Organizaciones Indígenas de la Cuenca Amazónica (COICA), Conservation Matters LLC, Conservation International (CI), International Land Coalition Secretariat (ILC Secretariat), International Union for the Conservation of Nature (IUCN), GEF Small Grants Programme, ICCA-Global Support

Initiative (ICCA GSI), LandMark (Global Platform for Indigenous and Community Lands), RECONCILE/ILC Rangelands Initiative-African Component, The Nature Conservancy (TNC), United Nations Development Programme (UNDP) Equator Prize, United Nations Environment Programme-World Conservation Monitoring Centre (UNEP-WCMC), Wildlife Conservation Society (WCS), World Resources Institute (WRI) y World Wide Fund for Nature (WWF).

6. «Global trade in soy has major implications for climate», Universidad de Bonn, publicado en *Global Environmental Change*, mayo de 2020.

7. «Carbon and Beyond: The Biogeochemistry of Climate in a Rapidly Changing Amazon», *Frontiers in Forests and Global Change*, 11 de marzo de 2021.

8. Raul Roman, Lauren Kelly, Rafe H. Andrews y Nick Parisse, «Can we turn a desert into a forest?», *The New York Times*, junio de 2022.

9. Sami Kent, «Most of 11m trees planted in Turkish project "may be dead"», *The Guardian*, 30 de junio de 2020.

10. Michael A. Clark *et al.*, «Global food system emissions could preclude achieving the 1.5° and 2°C climate change targets», *Science*, vol. 370, n.° 6.517 (noviembre de 2020).

11. David Tilman y Michael Clark, «Global diets link environmental sustainability and human health», *Nature*, 12 de noviembre de 2014.

12. J. Poore y T. Nemecek, «Reducing food's environmental impacts through producers and consumers», *Science Journal*, 22 de febrero de 2019.

13. Ralph Waldo Emerson, *Naturaleza*, 1836.

14. Q. Li, K. Morimoto, A. Nakadai *et al.*, «Forest bathing enhances human natural killer activity and expression of anti-cancer proteins», *International Journal of Immunopathology and Pharmacology*, abril de 2007.

15. Geoffrey H. Donovan, David T. Butry, Yvonne L. Michael *et al.*, «The relationship between trees and human health: Evidence from the spread of the emerald ash borer», *National Library of Medicine*, febrero de 2013.

16. Austin Troya, J. Morgan Groveb y Jarlath O'Neil-Dunn, «The relationship between tree canopy and crime rates across an urban-rural gradient in the greater Baltimore region», *Landscape and Urban Planning*, junio de 2012.

17. Kaid Benfield, «New evidence that city trees reduce crime», Sustainable Cities Collective.

18. Además del libro citado, el capítulo «Hiding in plain sight. Democracy's indigenous origins in the Americas», de David Graeber y David Wengrow, se puede leer (y escuchar) en el número del otoño de 2020 de la revista *Lapham's Quarterly*.

19. Michael Smith, «Teotihuacán's Grid System Analyzed», *Archaeology Magazine*, septiembre de 2017.

3. INTELIGENCIA NO ARTIFICIAL

1. Andrew Harding, «Cape Town's Day Zero: "We are axing trees to save water"», BBC, noviembre de 2021.

2. Simón Romero, «Taps start to run dry in Brazil's largest city», *The New York Times*, 16 de febrero de 2015.

3. Ana Tudela y Antonio Delgado, «Mar Menor: Historia profunda de un desastre», *Datadista*, octubre de 2019.

4. «Meat Atlas 2021: Facts and figures about the animals we eat», publicado por el Heinrich-Böll-Stiftung, Friends of the Earth Europe y BUND.

5. Esto no refleja la realidad de los países menos desarrollados, donde las personas que más pagan por el agua en el mundo son precisamente las más pobres. En Papúa Nueva Guinea, hay familias que se gastan más de la mitad de lo que ganan en comprar cincuenta litros

de agua, el mínimo diario que establece la OMS para una sola persona. Y es barata comparada con lo que cuesta el agua potable en Camboya, Etiopía o Madagascar. WaterAid, «Water: At what cost? The state of the world's water», informe de 2016.

6. Kang Tian y Zhuo Chen, «What roles do smart sensors play in citizens' water use? From the perspective of household water-saving», *Water Supply Journal*, IWA, 2021.

7. Simon Yat-Fan Ho, Steven Jingliang Xu y Fred Wang-Fat Lee, «Citizen science: An alternative way for water monitoring in Hong Kong», *Plos One Magazine*, septiembre de 2020.

8. G. A. Weyhenmeyer *et al.*, «Citizen science shows systematic changes in the temperature difference between air and inland waters with global warming», *Scientific Reports*, marzo de 2017.

9. B. W. Abbott *et al.*, «Trends and seasonality of river nutrients in agricultural catchments: 18 years of weekly citizen science in France», *Science Total Environment*, 2018.

10. «Amazon employees share our views on company business», *Medium*, 27 de enero de 2020.

11. Sam Biddle, «For owners of Amazon's ring security cameras, strangers may have been watching too», *The Intercept*, enero de 2019.

12. Carey Baraka, «The failed promise of Kenya's smart city», *Rest of the World*, junio de 2021.

13. Kate Crawford, *Atlas of AI. Power, Politics, and the Planetary Costs of Artificial*, 2021.

14. La colisión de un buque francés cargado con explosivos de guerra y un barco de vapor noruego, el 6 de diciembre de 1917, en el puerto de Halifax, en Nueva Escocia, produjo una explosión que mató a más de dos mil personas, dejando casi mil heridos y destruyendo parte de la ciudad.

15. «Dying Alone. An interview with Eric Klinenberg», The University of Chicago Press, 2002, <https://press.uchicago.edu/Misc/Chicago/443213in.html>.

Contra el futuro de Marta Peirano
se terminó de imprimir en el mes de junio de 2022
en los talleres de Diversidad Gráfica S.A. de C.V.
Privada de Av. 11 #1 Col. El Vergel, Iztapalapa,
C.P. 09880, Ciudad de México.